U0623007

你若不伤，岁月无恙

李一丽 ♥ 著

中华工商联合出版社

图书在版编目(CIP)数据

你若不伤，岁月无恙 / 李丽著. -- 北京：中华工商联合出版社，2017.1（2023.6重印）

ISBN 978-7-5158-1883-2

Ⅰ.①你… Ⅱ.①李… Ⅲ.①情绪–自我控制–通俗读物 Ⅳ.①B842.6–49

中国版本图书馆CIP数据核字（2016）第 311725 号

你若不伤，岁月无恙

作　　者：李　丽
责任编辑：胡小英　李　健
封面设计：周　源
责任审读：李　征
责任印制：迈致红
出版发行：中华工商联合出版社有限责任公司
印　　刷：三河市燕春印务有限公司
版　　次：2017年2月第1版
印　　次：2023年6月第2次印刷
开　　本：710mm×1020mm　1/16
字　　数：198千字
印　　张：15.5
书　　号：ISBN 978-7-5158-1883-2
定　　价：45.00元

服务热线：010-58301130
销售热线：010-58302813
地址邮编：北京市西城区西环广场A座
　　　　　19-20层，100044
http://www.chgslcbs.cn
E-mail: cicap1202@sina.com(营销中心)
E-mail: gslzbs@sina.com(总编室)

工商联版图书

版权所有　侵权必究

凡本社图书出现印装质量问题，请与印务部联系。

联系电话：010-58302915

2013年9月下旬，我兴冲冲地回到老家准备和父母共度"十一"假期，但是没想到父亲却在医院查出了癌症，并且已到晚期！因为父亲的肿瘤已经漫及肝部，手术也是无能为力了，因此我决定把父母带回北京，利用心理治疗来帮助父亲获取最后的一丝生机。

为了更好地陪伴父亲，我放弃了所有的工作，整天与他的"癌症"在一起，倾听他童年的遭遇，倾听使他受伤害的一件件事，这些信息，如水一样渗进我的大脑、我的思维……刚开始，我还能开导父亲，后来，我无法再倾听了，因为这些晦暗的信息渐渐使我的思维变异了。直到有一天，我和父亲参加一个心理机构的父亲节活动，引导师让大家回忆自己和父亲之间记忆深刻的事情，我发现自己的头脑里浮现的是和爷爷的互动，我自己成了父亲！那个时候，我觉察到自己的头脑已经被父亲的思维全部占据了！

那时候，感觉自己在和时间赛跑，因为医生说父亲的生命只剩3～6个月了！我多想从命运的手中夺回父亲，但是，长期的失眠、焦虑、抑郁使我自己的身体处于全线崩溃的边缘，参与父亲治疗过程中的家庭治疗又引发了我自己

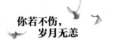
很多的激烈情绪，这些情绪激荡着我，治疗着我和父亲的同时，也在尖锐地刺激着我们……

这样的状态持续了一年多，父亲没有倒下，我却感到能量枯竭了……有一次，我的一个心理督导老师来给父亲做心理咨询，我在送他走的时候和他嘀咕了一句："我觉得我已经没有能力付出了，无论是金钱、精力还是体能上……"

"你为什么不想想收获呢？"老师的一句话点醒了我！转化了我！

是啊，经历这些我得到了什么呢？

为了治疗这么一个"极端"的案例，我经历了各种疗法，各位老师的帮助，与其说治疗了父亲，不如说也治疗了我，因为我的思维也被父亲"感染"了，某些我走不出来的部分，也正是父亲走不出来的，我和他已经混同了。但是，每个老师都给了我们不同的能量，我的生命在陪伴父亲的过程中经历了一场场的洗礼。

化解父亲童年的阴影，缓和他与家族之间的冲突，令他能够用更宽阔的眼光去换位思考，在他临终之前，让那些仇恨、抱怨释怀，使他能安然离去，这是我陪伴父亲的使命，也是我多年学习心理学的根本动力之一。随着治疗的深入，父亲发现了自己的问题，特意回到老家在祖坟前忏悔，与昔日有嫌隙的继母和兄弟姐妹们团聚并且表达了自己的心意。那时，我感觉到自己多年的心愿得以实现，是我圆满了父亲，还是父亲圆满了我？我已经无法分辨。

我把目光从父亲身上投注到自己身上时，我发现自己身上活着父亲的影子，他的很多思维方式又何尝不是我自己的思维方式？他的很多能力上的不足又何尝不是我自己的不足？

一念天堂，一念地狱。就是老师的这句提示，让我走向了新的自我成长之路。因为，发生的事情从来不是左右我们情绪的根本原因，而是你选择什么态度和认知去面对。

同样，那些令我们感觉不良的情绪，并不是左右我们心态的根本原因，它们只是帮助我们照见自己，是发现自己的提示器，如果你愿意去接受这些情绪，去发现它们所带给你的深层意义，那么我们就能由此而得到成长和圆满。

因此，好好善用自己的情绪，就是善待自己的生命。

这是我自己的切身经历，也是本书的写作缘起，我相信如我一般的个人及家庭，同样经历着这样那样的挫折与困难，如果不会调节情绪，不能转化我们情绪上的负能量，就会为其所累，为其所伤。

因此，我把自己近年的工作经历、生活体验，以及亲友、来访者们的诸多对话、故事转化为本书的写作案例，也就是说，本书大量案例中的主人公来自心理咨询工作中的直接当事人；部分案例中的主人公与作者有着直接或间接地学习上、工作上或其他空间领域的密切联系；个别案例中的主人公是作者在心理咨询的学习、行业讨论中多次提及的人物个案。我愿把这些分享给更多的人，让我们都能更好地与这些能量共处，达到不偏不倚的"中庸"之度，有之以为利，无之以为用。

是为序！

——李丽

CONTENTS
目 录

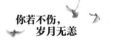

心理能量 6　**多虑**
————思维定焦在过去和未来

心理能量 7　**愤怒**
————情绪占了上风并成了主人

心理能量 11 **偏执**
——保护自我的拙劣手段

心理能量 12 **恐惧**
——对未知事物无所适从的强烈反应

心理能量　16　**敏感**
　　——为小事抓狂也为小事开心

心理能量　17　**自负**
　　——极度偏执的自我认识

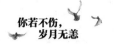

心理能量 26 **悲观**
——自我衰竭的个人信仰

心理能量
1

自卑

——如何看待，决定不断
精进还是走向毁灭

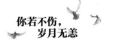

北京大兴灭门案件

说到灭门，大家会不约而同地想到仇杀，然而2010年11月23日发生的北京大兴灭门案的凶手却是这个家庭中的一员——李磊。

这让人很难相信，尤其是李磊的亲戚和朋友，在他们眼中，李磊性格内向，和周围人的关系也不错，从未与人争吵斗殴过，这样的一个人，任谁也不会相信他会残忍地杀害自己的六位亲人，这其中有他的父母、妹妹、妻子，还有他两个可爱的儿子。

那么，李磊是怎么走到这一步的呢？

李磊从小和爷爷奶奶生活在一起，长大后才回到了父母身边。他就像留守儿童一样，缺乏来自父母的关怀和爱护。初中时的李磊腼腆内向，各方面都不突出。毕业后，李磊选择了辍学，并经常与人打架斗殴，他试图改变自己留给他人的软弱无能的形象。同时，他也开始做各种各样的经营，例如开理发店、做金融等。最近的一次尝试是开饭店。但是，他所有这些尝试都没有什么成效。而他的这些尝试，并没有得到家人的支持，家人反而把这些看作是无能的表现。

渐渐地，杀人的想法在李磊的脑海中滋生了。据李磊供述，杀人的想法已经酝酿很多年了，最早是在年少时期离家出走后产生的。"从小家里管教太严，做什么事都要干涉，见着我非打即骂。"李磊自小就觉得不自由，没有同龄人的快乐，虽然家庭条件挺好，但还是觉得活着没意思。这次杀人，看似导火索只是一件小事，却是李磊积聚多年心结的一次疯狂大爆发。

过早与父母分离，易产生深刻的自卑感

李磊从小就与父母分开，长大后才回到父母身边。父母对他的严加管教，使他没能体会到曾经缺失的父爱母爱，反而使他和父母之间存在的隔阂更大了。

这样的隔阂是必然结果，每个孩子的成长关键期都需要父母爱的呵护，尤其母亲，更是孩子最强烈的情感链接对象。太早和父母分离的孩子，内心会自然形成被抛弃感，会主观地认为自己是不值得爱的那个人，这种深深的自卑感在没有有效心理修复的条件下，将伴随他的成长直到终老。

通过李磊的朋友的描述，他是一个性格比较内向的人。而这种内向已经不再是一种简单描述一个人的气质那么简单了，而是他基本已经丧失了与人交往的乐趣，也就是说，表面上交往很多朋友，但深深的自卑感让他无法让对方或自己走进彼此的内心。简单地说，他出于自我保护，不愿意主动敞开心扉，以防与他人建立亲密关系后又被他人抛弃。

同时，刻在骨子里的自卑，让李磊自感缺乏价值，他必须通过付出、顺从和委屈自己的方式获得一些关注，因此他在面对来自父母的责骂时，更多的是选择隐忍。久而久之，这就会成为一种恶性循环，他一次次努力，都是为了让周围的人满意。所以，每次哪怕一点点的失败，于他而言都是天大的打击，所以他会不断尝试其他方面，以避免事情的结果更糟，但在父母家人看来，他做什么都是个落魄的失败者形象。

对父母的不满，对妻子的不满，这都成为李磊最终犯罪的原因之一。他不断以各种努力"讨好"这些本应亲近但"高要求"的人，平庸或失败的尝试会加剧反馈给他的伤害。他愤怒、伤心甚至绝望，而自卑的性格让他无法充分表达自我。

不表达并不意味着没有愤怒，只是压抑了愤怒。随着压抑的愤怒越来越多，这座可怕的情绪火山会不顾一切地寻找突破口，哪怕一个微小的蝴蝶抖动翅膀，就有可能引发火山的爆发。

被"比较"，让人产生自卑感

在生活中，我们很容易和别人比较，不是拿爱人去和其他"更优秀"的人比较，就是看孩子不顺眼，"你看看人家某某，比你强多了"。也许说话的人以"刺激对方更加优秀"的心理为出发点，但是却造成倾听者自我价值感的严重受损。

李磊的自卑心理很重，他杀害妻子，是因为妻子是一个好胜心很强的人，无论在哪一方面都比较强势，她希望自己的丈夫比别的男人强，而恰恰李磊做什么都做不长久，这使她很失望。也许无意中的数落，使李磊的自尊心受到严重的伤害，因此她成了李磊第一个杀害的人。

李磊第二个杀害的人是自己的妹妹，很大原因在于他自己是初中毕业，至今一事无成，而妹妹是大学生，无论是学历还是本领都比他强。也许在父母对李磊进行责备时，会拿妹妹和他做比较，这样更加重了他的自卑心理和对妹妹的妒恨心理。

现代社会是一个充满竞争的社会，面对各种各样的机遇，尝试成了现代人相当时髦的人生信条。每当人们走向挑战之前，总是向挑战者或竞争者显示：天生我材必有用，这次胜利非我莫属！但是，在人生舞台上，有些人却低头哀叹：天生我材没有用。这种自卑的"自白"与自信者产生了强烈的反差：自信者相信自己的力量，竭力去做人生舞台上的主角，自卑者认为自己没有能力，只适合当观众。

当自卑的心理产生后，不仅会严重地阻碍他们的交往生活，使他们孤立、离群，而且还会抑制他们的自信和荣誉感的发展，抑制他们能力的发挥和潜能的发掘。特别是当他们的某种能力缺陷或失败的交往活动被周围人轻视、嘲笑或侮辱时，这种自卑感会大大加强，甚至以嫉妒、暴怒、自欺欺人等畸形的方式表现出来，给自己、他人和社会造成一定的危害和损失。

自卑的双重效应

自卑是人由于某些心理缺陷及其他原因而产生轻视自己的悲观情绪，认为自己在某方面或其他方面不如他人的情绪体验，自卑也是一种性格上的缺陷，表现在交往活动中就是缺乏自信。可以说，自卑是影响交往的严重的心理障碍，它直接阻碍了一个人走向群体，去与他人交往。自卑的心理容易促使一个人在人生道路上走下坡路，成为加速自身衰老的催化剂。

我们有无数可以自卑的理由，也就有了接纳自卑的借口——既然大家都自

卑，我又何必在意我的自卑？

正是因为有了自卑，才有了不断完善的欲望，人，活着才会有劲儿、有活力、有动力，也因此，自卑也可以成为人不断前进的源头。

所以，自卑具有如此奇妙的双重效应。

虽然这个轰动一时的灭门案已经告一段落，但是值得我们深思的地方太多了。如果等到悲剧发生才想到去解决，那就为时已晚，毕竟这样的代价让人无法承受。多少人都曾因为中了"自卑"的毒而走上了不归路，例如几年前轰动一时的马加爵杀人案。为了防止这样极端事件的发生，不再成为"自卑"的受害者，我们就要让自己从自卑的陷阱中走出来。很显然，最好的方式是，让我们因为"自卑"而受益，让自卑成为推动我们不断前进的动力，完善自身的法宝。

很多人产生自卑心理，很大程度上是因为与其他人盲目对比所致。总有人在某方面比我们更强，从而会扰动我们自身的心理平衡。如果我们把注意力放到自身上，自己与自己比较，只要某方面我们比上一次有了进步，哪怕是小小的进步，就会让我们愉悦，也会令我们不断享受进步的快乐。

不管别人看上去多么光鲜，其实都有他不如人的地方。我们如果用己之短去比人之长，怎么能不自卑呢？永远记住，自卑是具有双重效应的。

因为自卑，所以超越

阿光是我的发小，现在我们依然还是很好的朋友关系。在高中时代，他是班级中公认的最自卑的人。因为他上课从不敢主动发言，也没有什么朋友，更不要说去主动和女生谈理想、人生这样的话题了。大家都预言他将是所有同学中最没有出息的人。

转眼间20年过去了，大家通过各种方式又联系到了一起，准备举办一场同学聚会。在同学聚会上，大家都已褪去当年的青涩，变得成熟而稳重。许多当年在班级里活跃的同学，如今被生活磨砺成了一言不发的旁观者。还有阿光——那个被公认为将是全班最没出息的人还是和当年一样平凡得如一粒尘土，不出众，不显眼，也不高谈阔论，依然静静地坐在角落里。

几个小时过去了，聚会到了高潮，每人依次上台讲述自己的现状和理想，还有对目前生活的满意程度。大多数人的现状是不如当年刚考上大学时候的理想，对目前的生活满意的人几乎没有几个。

最后，轮到阿光上台了，他用不温不火的语气说道："我目前拥有几家公司，总资产几百万元，远远超过当年高中毕业时的理想。如果说还有什么遗憾的话，就是我认为离那些我所欣赏的成功者还很遥远。说实话，无论是在学校还是走进社会后，我一直很自卑，感觉每一个人都有特长，都比我强。所以我要努力学习每一个人的特长，并且丢掉自己的缺点。但我发现无论我如何努力也总是无法赶上一些人，所以我就一直自卑着。因为自卑，我把远大的理想埋在心底，努力做好手头的每一件小事；因为自卑，我将所有的伟大目标转化成向别人学习的一点点的进步。进步一点，战胜一个自卑的理由，同时又会发现下一个自卑的借口。就这样，我一直活在自卑里，却也获得源源不断的前进动力。"

大家听了阿光的话先是惊呆了，接着就爆发出一阵热烈的掌声。

著名的心理学家阿德勒有一个观点：个体追求优越的欲望来自人的自卑，自卑感的主要来源是对缺陷的补偿。

你觉得这个观点有道理吗？

即便是现在特别优秀的人也可能曾经自卑过，但是自卑是可以摆脱的，而摆脱是从"接受"开始——接受你"自卑"的坏情绪，接受自己的"坏我"，

它们就会帮你从所谓的负面情绪中汲取力量，那么，所有的"坏我"都可以滋养我们，成为自己不断成长的力量之源。阿光的成功就体现了自卑带给人的积极力量。

变自卑为"精进"的四个步骤

本篇的结尾，我从自身的专业角度，告诉朋友们变自卑为"精进"的四个小步骤。

第一步：发现自己的优点，并随时记录下来

抽出一点时间来发现自己的优点，如果自己想不出来，可以询问一下自己身边的人，然后逐步肯定自己的成绩，并且有意识地在做事时让优点长处得到进一步深化。许多人总认为，由于他们没有像别人那样聪明、漂亮或灵活，总感到低人一等。其实，那是因为他们没有发觉或表现自己的聪明才智。只有认识了自我价值，才有助于肯定自己，充分发掘自己潜在的聪明才智，使自己充满自信，克服自卑感。

第二步：对自己进行积极的心理暗示

很多自卑的人总是会出现"糟糕，我又说错话了"等思想，由于无数个这类信息在脑中闪现，就会削弱自我形象感。克服这种怯弱自责心理的良好方法是想象：把注意力集中到自己的认识和感受，甚至是自己所品尝到的、闻到的以及听到的一切事物上，并在脑中显现你充满信心地投身一项困难的挑战形象。想象美好的未来，尽量细化每个细节，你就会慢慢走向成功。这种积极的心理暗示会成为你潜意识的一个组成部分，从而使你充满自信，走向成功。

第三步：积极参加社会交往活动，增加成功的交往体验

自信是从实践的成功中获得的，第一次滑冰时我们可能会摔倒，但是经过不断地练习，全力以赴去做事，我们就可以像别人一样成为滑冰高手。

第四步：找到你独特的价值

智者说：每一个人都拥有天上的一颗星，在这颗星星照亮的某个地方，有着别人不可替代的专属于你的工作。因而我们必须百折不挠地找到自己的人生位置，这需要时间，更需要知识、才智、技巧，需要整个心力的成熟发展，最后形成属于你自己的"个人品牌"，即你的独特的价值。

心理能量 **2**

犹豫
——"鱼和熊掌不可兼得"
是怎样一种体验

事业与家庭，哪个更重要

最近李艳遇到了一个难题：在选择继续考博还是在家专职带孩子的问题上，她犹豫不决。

2009年李艳硕士毕业，正准备迎接考博之际，发现自己怀孕了，她本想打掉孩子继续自己的学业，但是在家人的极力劝说下，她暂时放弃了考博的打算。十个月后，宝宝平安出生，月子过后，李艳又想起自己的考博计划，她白天上班，晚上回家一边带孩子一边看书。可是孩子的哭闹声总是让她静不下心来。就这样放弃考博的计划，李艳心有不甘，但是看着可爱的孩子，又舍不得送回老家抚养。

李艳每天都在这两种抉择中苦苦挣扎。晚上躺在床上时，她想起了自己的母亲。很小的时候，李艳就一个人在家看电视、玩游戏，要到晚上很晚才能见到妈妈。学校的家长会都是外婆去参加，以至于许多小朋友认为她没有妈妈。那个时候，她认为自己在妈妈心里还不如工作重要，所以一直以来对妈妈的感情都很冷淡。

李艳不想孩子重蹈自己幼时的覆辙，但是又不愿意自己的人生计划就此被打断，在她的内心中，一直铭记着妈妈的话："以后一定要考上博士，这样才有出息。"自己到底应该怎么办呢？

激情与安定，哪个更靠谱

刘阳现在最怕和父母坐在一起吃饭，饭桌上父母永远都是那一句话："某某的闺女和你一样大，孩子都会满地跑了，你什么时候才能有个着落呢？"

其实，刘阳心里和父母一样急，只是此刻的她不知道该如何选择。同事姜凯为人忠厚老实，各方面都很优秀，对她的关怀无微不至。可与姜凯之间总是差一点东西，缺少火花，在一起更像是朋友、亲人，没有心跳的感觉。而这种感觉，偏偏只有远在南京的陆航能够给她。刘阳和陆航相识于公司的酒会上，短短一个星期的相处，两个人就被对方所吸引，之后一直通过网络、电话联系。

陆航的家人、事业和朋友都在南京，刘阳知道陆航不会放弃这一切来上海找她。两个人不止一次地争论过这个问题，陆航希望刘阳能够到南京发展，并承诺会为刘阳安排好一切，但是刘阳却迟迟做不了决定，一方面是自己在上海的发展不错，到了南京一切都要重新开始。更重要的是，刘阳忘不了三年前的那次经历。

三年前，刘阳大学毕业，为了不与男友分手，她离开了从小生长的上海，与男友来到了北京。起初，他们还很恩爱，但是男友的父母不喜欢刘阳，总是在其中百般阻挠。最后，男友竟在父母的安排下，瞒着刘阳去相亲，对方在北京有房有车有固定的事业，比起当时什么都要靠男友的刘阳，男友的感情天平开始倾斜。

最后他向刘阳提出了分手，刘阳只好带着满身的伤痛回到了上海，那时候才发现自己已经怀孕了，刘阳偷偷到医院堕了胎，然后一门心思放在了事业上。现在两个选择摆在自己面前，刘阳犹豫了，她不知道自己该选谁。

A与B不可兼得的双趋冲突

一般而言，我们在实际问题上需要做出选择时，往往是由旧有经验发挥决策作用，那些曾经的经历往往会成为处理新问题的一种标准，不管这种标准是否正确得当。但也恰恰是这样一个模糊、无法量化的标准致使自己在现在的选择中徘徊不定。

李艳犹豫的根源在于她的母亲。典型的女强人母亲，她把全部的注意力都放在工作上，对孩子的关爱甚少，给幼小的李艳造成了成长过程中的深远影响。所以，李艳会自然而然地认定，如果自己继续考博，就会严重忽略孩子，这在她幼小的成长经验中已经充分体验到了。从内心而言，李艳认为母亲对不起自己，所以她不愿意做第二个"母亲"，不想对不起自己的孩子。

道理似乎不复杂，但既然这样，李艳就可以放弃考博而专心照顾孩子，而她为什么还要犹豫呢？这就引出了另外一个原因，即李艳内心中对母亲认同的那一部分。这一点也许李艳自己都没有意识到，她努力追求学业以及事业上的成功，她的潜在动力也恰恰来源于母亲，因为母亲很优秀，她不允许自己比母亲差。也许在她的幼年时期，还有不少人在她面前赞扬过母亲，或者在不同程度上感受到了母亲那种来自工作上的自信，这就更使得她认为自己应该像母亲那样，这种影响也同样是自然而然地发挥作用。

犹豫就是一种心理冲突的表现。实际上，日常生活中，很多人在某些事情上都会不同程度地表现出迟疑、不果断、做事拿不定主意，这是当事人对价值观不能做出轻重缓急的排序所导致的结果。尤其是当人们面对多重选择时，就更会出现犹豫的冲突心理。

在心理学范畴，犹豫反应的是人的"双趋冲突"。双趋冲突是指两种或两种以上目标同时吸引个体，而个体只能选择其中一种时所产生的内心冲突。"鱼，我所欲也；熊掌，亦我所欲。二者不可兼得"就是一种双趋冲突。

故事中的刘阳，她的过往经历同样造成了她如今对爱情的两难选择：是冒险还是要安全？追求激情之爱，可能受伤，但是接受平淡之爱却又心有不甘。

印度诗人泰戈尔说过："如果你因为错过太阳而哭泣，那么你也将错过星星！"要解决这种冲突，必须放弃一者，或者同时放弃二者而追求另一折中的目标。

选择所爱，爱所选择

"鱼和熊掌不可兼得"是我们都很熟悉的一句话，它很恰当地诠释了我们在一定程度上，对自己的价值观排序不够清晰明确。

从李艳的犹豫行为，可以看出李艳一方面认同了母亲追求事业的方面，另一方面又在责怪母亲当初的选择。当李艳的内心完全理解了母亲，接纳了这一对矛盾时，自己就会从纠结状态中获得缓冲，从而做出进一步选择。

李艳在考博和照顾孩子之间的犹豫，体现了两种价值观，一种是事业为重，一种是家庭为重。她对母亲的事业追求既认同，但同时又因为自己童年被忽视而不接纳，她因为不能整合这一对"矛盾"，没有完全理解母亲，接受母亲，因此，自己面临两种价值观的交锋，她才会陷入两难的境地中。如果她能体会到这种为难，也能追溯和理解母亲的为难，看到母亲追求事业时对女儿同样也很内疚的一面，融合了这一对矛盾，就能接纳自己的作为，不论哪一种选择，就都能安心接受了。

如今已经成为母亲的她，如果能体会这一两难选择，恰好是理解母亲当时为难心境的契机，是使母女关系融洽的一个契机，从而自己也将不再承担这种两难痛苦。

一个人，如果不能接纳别人，痛苦就会在自己身上再次轮回，进而体会相同的痛苦。只有当我们真正接纳了别人，才能最终接纳自己。

对于刘阳而言，她在两个男性之间的犹豫，其根源在于她曾经受过的伤害。因为她曾为爱情背井离乡，却遭到了背叛。所以当再次遇到异地恋时，她害怕自己会重蹈覆辙。所以，尽管她并不爱忠厚老实的姜凯，但是姜凯给她的安全感，还是让她犹豫了。左右刘阳选择的根本在于她对情感的核心价值观的诉求，一旦认定了对于自己来说最重要的东西，选择的结果也就自然会浮现了。

但是，不论做哪种选择，我们都不可避免地会失去一些很有价值的东西，如果不是这样的后果，我们也不会如此徘徊痛苦。那么，对于这种结果，我们一定要坦然接受，因为这个结果产生的前提，是我们考虑了对自己最佳利益的情况下失去的这些东西。就好像太阳和星星，你不能两个都想要，但是，我们要搞清楚当下是需要太阳的炙热还是需要星星的浪漫。

选择自己所爱的，爱自己所选择的，不要选择了A，心里却心心念念地想着B，这样只会给自己增添更多的烦恼。

改变犹豫的四种方法

1. 将犹豫用笔头明晰地表达出来

要知道使自己产生犹豫的原因不是现实中的冲突，真正的冲突来自内心的某些信念。如果只是解决表面上的冲突，只能是治标不治本，矛盾并没有得到真正地解决。当感觉矛盾的时候，不妨找一支笔，将矛盾双方分别列出来，看看自己最后恐惧的到底是什么。当我们将两条线索清晰化，就会越来越逼近问题的核心，自己才能看清楚矛盾的根本所在，从而找到解决问题的办法。

当我们肯不断地去问自己"为什么"的时候，就能够慢慢看到自己的内心，做出适合自己的选择。

2. 学会折中

很多时候，我们把问题看得过于绝对化了，任何选择都有无数个中间过渡层次的，而非黑即白、非对即错、非此即彼的信念容易让我们陷入僵局。

3. 多接收对自己的选择有利的信息

如果你已经做出了选择，就多多收集和强化对自己选择有益的信息。坚信，选择的就是最好的，之后无论发生什么，只要去接受和顺应就可以了。

4. 尊重自己的内心进行选择

有的人在做选择时，会习惯性地想他人会怎么看自己，导致本已做好的决定开始动摇。或者总是向别人询问自己该怎么办，其实我们才是自己生命的主角，答案都在我们自己的心里，只要我们愿意向内去挖掘，一定能找到解决问题的方法。每个人都有自己的主观性，他人给出的答案往往都是自身经验的结果，不一定适合自己，而且还可能给自己设定了很多障碍。如果想寻求外援，可以寻找专业的心理咨询来帮助自己，心理咨询师会让你更清楚地认识自己。

心理能量

3

空虚

——当你的灵魂已跟不上你的脚步

患上"成功后遗症"的男士

空虚感的形成从丧失自我开始

幸福的，才是真格的

"日行一善"有什么意义

走出内心的盲区

患上"成功后遗症"的男士

和很多孩子一样，李明阳的童年是在无忧无虑中度过的。上学后，他的人生发生了改变。

家长和老师都希望聪明伶俐的李明阳能够在学校中好好学习，将来好有一番作为。于是经常对他说："上学的目的就是取得好成绩，长大后才能找到好工作。"却没有人告诉他，要在学习中获得快乐的感受。

李明阳幼小的心灵整日害怕数学算错题，担心作文写错字，背负着极大的焦虑和压力。他每天上学就开始等待下课和放学，他最大的精神寄托就是每年的假期，因为只有那时，他才不需要为学校的事情烦恼。尽管他如此不喜欢学校，但是他仍然相信老师和家长所说的都没有错，赞同成绩就是学习成功的唯一标准，所以他一直很努力地学习。

尽管学习上的压力有时难以承受，但强大心理压力状态下所取得的优异成绩，还是让他得到了父母和老师的夸奖，还有同学们的羡慕。在这样的学习状态下，李明阳顺利地升入高中。学习标兵的头衔和荣耀的力量推动着他继续前行，当压力大到无法忍受时，他安慰自己说："再坚持坚持，上大学后一切都会变好的。"终于到了上大学那一刻，拿到录取通知书的李明阳激动落泪，他告诉自己："我再也不用这么沉重地学习了，终于可以开心地过属于我自己的快乐生活了。"

但没过几天，那熟悉的焦虑又卷土重来。他担心不能在和同学的竞争中取胜，因为如果无法击败他们，将来就找不到最理想的工作。因此，在大学四年中，他继续忙碌地奔波着，努力地为自己未来的履历表增添色彩：成立学生社团，做义工以及参加多种运动项目。他小心翼翼地选修课程——完全不是出于兴趣，仅是为了更好的成绩。

功夫不负有心人，刚刚毕业，李明阳就被一家著名的公司录用。他再一次兴奋地告诉自己："这下可以放心地享受生活了。"然而这种"享受"仅仅维持了几天，因为他发现自己必须努力地工作，这样工作才会稳定，发展才会更好。当然，他也会偶尔地开心一下，那就是他在完成了一些艰难的任务之后，但这些快乐的时光，完全来自于如释重负的感觉，并不能持续很久。

经过李明阳多年的努力，他为公司做出了很大的贡献，公司邀请他成为合伙人，并在高级住宅区里为他购置了一套住房，配备了一辆名牌跑车，他银行的存款一辈子都用不完。但这一切，并不能让他开心起来。

更为讽刺的是，李明阳被身边的人当作是成功的典范，不管是朋友还是小孩儿，都会把他当作自己的学习榜样。李明阳想不明白的是：为什么那些每星期工作80小时的人们，仍然对工作抱有极大的热情。而他在拥有了一切后，却仍然感觉不到快乐。

空虚感的形成从丧失自我开始

从李明阳的经历来看，他一味地追求优秀，却忽略了自己精神上的需要，这样的人生即便是他人羡慕的，但是却不能让他感到充实和幸福。李明阳拥有的名和利没有给他带来愉悦，其实是因为他患了"精神空虚症"。

当一个人丧失了自我时，就会陷入空虚的黑洞。李明阳从小就听父母老师的话，他认为只有学习好，才是好孩子，所以他努力学习，因此取得了优秀的成绩，得到了表扬。这种观念一直占据着他的心灵，包括他上大学、工作以后，仍然受这种观念的影响。

在他的内心中，他不知道自己要成为一个什么样的人，只知道他要成为父母老师所说的那种人，在这个过程中，他忽略了自己的真实感受，失去了自我，成了获取别人的评价而生活的人。最终，即使是取得了主流社会所认可的"成功"，但是他依然不快乐，因为，他缺少了属于自己的灵魂。

其次，物质生活和精神生活失衡，也是人们陷入空虚的因素。有的人每天忙着赚钱，却不知道赚钱的目的是什么，所以尽管他们腰缠万贯，但还是感到空虚。他们只用物质荣誉的刺激来满足精神上的低层次的需要，没有进一步提升自己的精神境界，从而产生了空虚寂寞的感觉。

很多人认为幸福是与财富和社会地位紧密联系的，因此，进入了"唯物质"的迷宫，进入了"打败别人才优秀"的怪圈，生活中充满了紧张、嫉妒和攀比，幸福快乐又从何说起？

最后，没有理想的人，很容易迷失自我，感到空虚。李明阳的努力，是因为他没有自己的理想，他为之努力的"理想"并不是他自己的，而是父母老师

"强加"于他的。尽管他一直很努力,却没有找到努力的根据,当他取得一定的成就后,就不知道自己的将来该走向何处,于是无聊的情绪涌上心头,便造成了心理上的营养失调。

从心理学的角度来讲,空虚实际上是一种心理状态,精神和内心的空虚对人的身心健康毫无益处,它使人没有追求,没有寄托,没有精神支柱。

常常感到空虚的人,无一例外地会对理想和前途失去信心,对生命的意义没有正确的认识,会丧失对生活的追求和对事业的热情。由于空虚的人没有人生目标,或者他们不知道目标有什么意义,所以他们对自己从事的工作也会渐渐丧失热情,处于例行公事的状态。

幸福的,才是真格的

很多人把金钱和社会地位看成是人生的目标,以为只要"成功"了,就可以减少自己的负面情绪,然而,这样的人生目标设置会很容易让我们陷入空虚的深渊。如上述案例中的"成功男人",当他们发现以往生活中所有的努力和牺牲并不能带来幸福时,就会感到迷茫和崩溃。努力爬了半生的梯子,最后发现这里并不是自己想要的地方,这种感觉无疑是带有毁灭性的。

于是,有些人很容易进入空虚状态,相信世界上再也没有什么东西能给自己带来快乐,于是就去找寻一些破坏性的解除痛苦的办法。

人们容易把物质作为幸福的标准,却不能以内心的声音作为决定的因素,那是因为人类在远古时代,物资充足,人类才能够生存下去,因此,存储便在不断的人类繁衍进化中成了习惯。因此,很多衣食无忧的现代人即便有充足的保障依然在拼命存储。

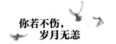
另外，金钱和社会地位容易计算、容易衡量，而情绪、感情和对自身的意义很难衡量，因此，物质至上也成为某个时期比较普遍的信念。但是，金钱能买来房子，却不能买来家庭。

心理学家大卫·迈尔斯和他的同事们发现，幸福与财富之间的关联性非常低。就美国而言，近50年来一代代人的富有程度越来越高，但是幸福指数却没有什么变化。

有些人以为高收入就等于能够获得快乐，但是，事实上这种说法是虚幻的。高收入的人对生活会比较满足，但不会因此比其他人更幸福，甚至他们的压力更大，生活更加紧张，也不太会去享受生活。

唯有把幸福而不是名利当成是人生的目标，我们的人生才能寻着这个线索导走向一个积极健康的领域，我们才能够更快乐地学习、工作和生活。

"日行一善"有什么意义

他的父亲是位大庄园主，拥有很大的一座庄园。

七岁之前，他过着舒适的生活。这之后，他所生活的那个区域，一场突然爆发的革命，转眼把他的舒适日子全部粉碎。

当家人带着他在美国的迈阿密登陆时，他就知道，全家所有的家当，是他父亲口袋里的一叠已被宣布废止流通的纸币。

和全家其他人一样，为了生存，十五岁的他也要外出打工。所不同的是，每次出门前，父亲都这样告诫他：只要有人答应教你英语，并给一顿饭吃，你就留在那儿给人家干活。

他的第一份工作是在海边小饭馆里做服务生。由于他勤快、好学，很快得到老板的赏识，为了能让他学好英语，老板甚至把他带到家里，让他和他的孩子们一起玩耍。

一天，老板告诉他，给饭店供货的食品公司将招收营销人员，假若他乐意的话，老板愿意帮助引荐。于是，他获得了第二份工作——在一家食品公司做推销员兼货车司机。

临去上班时，父亲告诉他："我们祖上有一则遗训，叫'日行一善'。在家乡时，父辈们之所以成就了那么大的家业，都得益于这四个字。现在你到外面去闯荡了，我不能经常这样叮嘱你了，所以你最好能记着。"

当他开着货车把燕麦片送到大街小巷的便利店时，他总是做一些力所能及的善事，比如帮店主把一封信带到另一个城市，让放学的孩子顺便搭一下他的车。就这样，他乐呵呵地干了四年。

第五年，他接到总部的一份通知，要他去墨西哥，统管拉丁美洲的营销业务，理由是这样的：该职员在过去的四年中，个人的推销量占佛罗里达州总销售量的40%，应予重用。

而他后来的人生，似乎有点出乎意料地顺利了。他打开拉丁美洲的市场后，又被派到加拿大和亚太地区；1999年，被调回了美国总部，任首席执行官。

就在他被美国猎头公司列入可口可乐、高露洁等世界性大公司首席执行官的候选人时，美国总统布什在竞选连任成功后宣布，提名卡罗斯·古铁雷斯出任下一届政府的商务部部长。这正是他的名字。

如今，你百度一下就会知道，卡罗斯·古铁雷斯这个名字已成为"美国梦"的代名词！

故事很励志是不是？但你可能会问我，这和空虚这一主题有关系吗？当然，关系很大。在生命中的某些时刻，我们总会被那些或大或小的事情所感动，卡罗斯·古铁雷斯的人生故事，就是让我们有了这份踏实的感动，但从另一个角度来说，我们自己是否也能在人生成长的分分秒秒中"日行一善"，做出感动他人的小小事情呢？

人生的感动和价值就是在这样感动和被感动的状态中不断跌宕实现，幸福感的获得和存在的最大意义也在这样的真实投入中得以实现，当我们的灵魂始终与我们前进修行的脚步相差不远时，我们自然而然地会把"空虚"从人生字典中去除掉了。

一次去超市的路上，看到十字路口红绿灯的红灯仍在闪烁时，协管大叔及时吹响了口中的哨子，把一只欲"闯红灯"的流浪狗吹停，许是它也听懂了这里面爱的信号，真就乖乖回来，趴在距离大叔不远的地方。大叔向对待一个幼儿园的小朋友一般，告诉它绿灯还没亮，很危险，要听话哦。

我瞬间就感动得湿了眼眶，我感觉生活是美好的，这当然不是一个空虚无聊之人面对生命、生活的态度。

走出内心的盲区

空虚就像一个黑洞，无以名状，捉摸不定，具有超强的吸引力，一旦我们被卷入这个黑洞中，整个人就会被空虚所束缚，变得无所适从，没有滋味，甚至越想要摆脱，越会泥足深陷。

所以，除了励志故事，我将给大家更为实际一点的建议，以此帮助大家重新找回自己，重新拾起童年时候的梦。请相信，只要你能多对别人奉献一些爱，为自己的目标而努力，找到自我存在的价值，就能够从空虚的沼泽中解脱出来。

1. 树立健康积极的人生观

空虚的人"看破红尘",总是觉得人生不过如此,干与不干都没有什么区别,所以成天躲进虚无的世界里打发时间,或者早上一醒来就发愁怎么度过漫长的一天。这些表现都与没有树立积极健康的人生态度有极大的关系。人生态度是人在面对生存时最基本的态度准则,它的好坏直接影响着一个人在这个世界上的生活境况。

一个人态度积极即使时运不济也能坚强地活下去并改变自己的一切。相反,如果态度消极,即使生活顺风顺水,他也会觉得人生没有什么意义。不妨多看看符合自己反向心理状态的名人传记,向他们学习,从而对前途与理想有一个正确的认识,树立积极的人生观和价值观。

2. 建立适合自己的理想目标

一个人心中空虚往往是在胸无大志、没有追求、没有理想的情况下,觉得自己的生活没有意义而出现的;或者是理想不切实际,自己难以实现时出现的。因此,调整自己的生活目标,树立一个符合自己实际的理想(哪怕这个理想对他人来说是微不足道的)是十分必要的。有的人树立了一个不符合自己实际的目标,当他们在追寻这个目标过程中,会觉得这个目标没有意义或者莫名其妙,从而导致了空虚无聊的产生。根据个人的具体情况,给自己一个合适的定位,制订出长期规划和近期目标,以充实生活内容,你就会觉得自己的工作及生活不再枯燥乏味。

3. 培养高雅的生活情趣,建立良好的生活习惯

培养自己高雅的情趣,提升自身的精神境界,在生活中寻找乐趣,用有意义的活动和习惯充实自己有助于消除空虚。如在工作之余,少去酒吧、迪厅这样的刺激性场所,多去野外郊游、登山,多参加一些体育锻炼等,很容易把自己从外在的寻找状态回归到自我内心安定从容的状态中。

4. 争取得到支持

当一个人由于空虚或失意而心烦意乱时，特别需要有人给以力量，予以同情、理解和支持。一个人只有在获得支持时，才不会觉得孤立无援。广交朋友以求好朋友的勉励和帮助，这是社会支持的重要方面。当然，亲属之间的支持也是必不可少的。

5. 全身心地投入工作之中

工作和劳动是摆脱空虚的极好方法。因为当一个人的精力集中到工作和劳动中时就会有一种忘我的力量，并从工作中看到自身的社会价值，使人生充满希望并解除不良心态的痛苦。

一个人只要有所追求并敢于直面问题、直面现实、直面挫折，就不会被困难吓倒，不会被沮丧和空虚长期困扰，并且能够从挫折和失败中吸取教训，总结经验，战胜空虚，重塑自我！

心理能量

4

失望
——"受害者"惯用的
对外归罪情绪

他给不了我要的幸福

我有一个令我失望的孩子

人为什么会失望

孩子不是家长人生的续篇

失魂落魄者的自救之道

他给不了我要的幸福

昨天是我的生日，一整天我都沉浸在猜想中，猜想回家后丈夫会给我什么惊喜。是一顿精美的烛光晚餐，还是钻戒（结婚时没有钱买，他答应一定会补送给我）？就算不是钻戒，一束玫瑰花也好啊。

就这样在猜想中度过了一整天，下班回到家，发现老公还坐在沙发上看电视，屋子里弥漫着米饭的香气，见到我回来，老公立刻笑着说："老婆，生日快乐，今天是你的生日，所以我一回家就把家里打扫了一遍，还蒸了米饭，表现不错吧。"听到这里，我的心立刻凉了一半，原来什么礼物都没有。

我极力掩饰自己的失望之情，心情低落地做好了菜。晚上躺在床上，回想起自己这些年的生活，发现自己什么都没做。当年怀着对幸福的憧憬嫁给老公，他还郑重其事地在我父母面前保证会让我幸福，然而五年过去了，我从未体会过幸福的滋味。我们依旧没有自己的房子，没有车子，就连孩子也不敢贸然生下来，就怕不能给他好的生活。

越想越感到郁闷，想不明白自己为什么嫁了这样一个男人，不会挣钱就算了，还不懂得浪漫，把自己当初的誓言忘得一干二净。大好的青春就这样浪费掉了，我忽然间觉得很委屈，眼泪打湿了枕巾。甚至想离婚去寻找幸福，可是考虑到自己的年龄，不再青春年少，又不敢轻易下决定。

现在的我很矛盾，徘徊在离婚与否的边缘，做什么事情都提不起兴趣。

我有一个令我失望的孩子

从小我的家庭条件就不好，虽然考上了高中，但是因为学费和将来的就业问题，我选择了中专。中专学的是服装设计，我的成绩十分优秀，导师一再担保我一定能够考上美院，但是我在父母的缄默下，选择到服装厂做一名缝纫女工。

我的孩子出生后，看着聪明机灵的孩子，暗暗发誓一定要给孩子最好的教育条件，供他上高中，上大学，出国留学，以弥补我的遗憾。孩子上小学以后，由于年纪小，成绩一直处于中上等水平。为了全心全意地指导孩子，我辞掉了工作，一边自学大学课程，一边辅导孩子功课。同时，还帮孩子报了小提琴班、奥数班等课外补习班。对此，孩子总是抱怨玩的时间太少了，每到这个时候，我就会狠狠地数落他一顿，直到他乖乖去学习。

老公常年在外公干，经济上基本不用我操心，我一门心思全放在了孩子身上。为了让他一门心思地学习，我从来不让他做任何家务，甚至上了高中，孩子的内衣袜子都是我来洗。而且为了能够继续辅导他，我常常在他还没有上课之前，就把他要学的内容看一遍，直到自己弄懂后，然后再辅导他。

眼看孩子就高三了，为了能够让他考上一所好大学，我费心尽力地为孩子搞定了北京户口。几乎家长能做到的事情，我都做到了。然而，最近孩子却越来越不听话，先是老师打电话告诉我他逃课，接着就是晚上一点多才进家门。

面对我的质问，他毫不在乎地说是为了给同学开欢送会。我听后顿时火冒三丈，扬手给了他一巴掌，他不但没有认识到自己的错误，反而大声说我不理解他，然后便夺门而去，两天没有回家。

最后在警察的帮助下，孩子终于回来了，我却因为气急攻心而躺在了医院里。我实在想不通自己做错了什么，我一心只为他好，他不但不理解，反而和我对着干，我为他做了那么多的牺牲，他却令我如此失望。

人为什么会失望

失望是悲伤、抑郁、恐惧和悲观情绪的总和，其表现为消极、被动、自卑，同时缺乏活力。当人们有所损失的时候，就会出现失望的心理状态，它与人们的认识与情绪有着密切联系。

上述案例中的过生日的马女士，就是在自己的期望得不到实现的情况下，对生活失望的表现。这也反映了很多女性的"依附者心理"，即把自己的幸福快乐寄托在丈夫的身上，一旦丈夫不能满足自己的需要，便会产生失望情绪。这种依附心理的存在会让女性经常性的失望，因为没有一个人能背负另一个人的生命。女性只有把需求放在自己的身上，自己为自己的生活负责任，才能抵制这种失望情绪。这时候配偶的给予，就会让人充满了感恩。由此，亲密关系也会得到改善。

当孩子的表现达不到父母的期望时，父母就会表现出失望，只是根据期望程度的高低，失望的程度也会有所不同。

通常情况下，家长认为孩子没有达到自己的要求，是孩子本身不够努力，而实际上，是因为家长把自己曾经的愿望，加注在了孩子身上。中国的很多父母，在自身一代的发展受限之后，很自然地渴望孩子能够超常规地发展和成功，他们做出选择，也负荷着这个选择带来的得失与经验。从案例中可以看出，当了妈妈的金玲，她在上学期间，因为经济原因，错过了上大学的机会，这对她而言是毕生的遗憾。所以，她不想让自己的遗憾重复出现在孩子身上，她的行为与其说是为孩子好，不如说是她想通过孩子，来弥补自己没有上大学的遗憾。

与此同时，家长对孩子的过分付出，使自己失去了享受生活的机会，失去了自我，不能发展自己的事业，没有自己的社交圈子等。因此，家长认为孩子应该对自己怀有感恩之心。当孩子不但没有表示感激，反而越发叛逆的时候，家长则会非常失望。

从心理学的角度分析，产生失望的原因具体有以下几种：

1. 看待问题的态度比较消极，哪怕积极的事情，也会用消极的态度看待，导致悲观的失望心理。例如，马女士和老公结婚五年了，而老公还记着她的生日，而且还主动承担了一部分家务，这与许多忘记妻子生日的人相比，已经做得很好了。马女士若是能够以这样的心态来看待，就不会产生极端失望的情绪。

2. 生活中接二连三地遭遇挫折，也是人们出现失望的主要原因。

3. 对自己丧失信心导致失望心理，这主要由于个人对自己的评价过低，看不到自己的长处和优点，认为自己一无是处。

4. 未经过调查研究的事情就妄下结论，凭着主观臆断加以揣测，结果却不如自己猜想的那样，于是导致悲观失望的心理。

5. 夸大事情的复杂程度，也容易导致失望心理产生。

失望会让人感到痛苦，有的人由于极度失望而深深陷入痛苦之中，以至于认为人生没有希望，最终形成这样的消极态度。

同时，失望还表现为经常看到消极的一面，他们的注意力过多地集中在消

极的一面，因此看不到积极的一面。

　　失望的情绪，会影响到我们的生活，具体表现在挫折多的人出现失望的情绪多，但强度不大；挫折少的人出现的失望情绪少，但是强度大。在某些活动中的表现为：活动刚开始时和活动就要结束时遇到的阻碍对人的影响最大，而中间受到的阻碍则影响较少。如果是自身因素引起的挫折比客观因素引起的挫折对人的影响大。那些偶然出现的挫折，比实现有预料的挫折对人的影响更大。

　　失望可以分为暂时性失望和长期性失望。

　　当自己需要的事物暂时消失，在以后的时间有可能再次得到或可以通过其他的事物予以代替，这时人们就会出现短暂的失望。如：想买的东西没有买到、错过了一次火车、由于某种原因不能参加聚会等。通常，暂时性的失望程度较大，但是消失得也很快，不会持续很久。尽管这种失望很多，但是却不会对人造成大的影响。

　　当人们失去的东西是永久性的或是长期性的，对自己而言是难以弥补的，是自己无能为力的，就会出现长期性失望。如：遭到爱人的背叛、总也无法苗条下来的身材、日益下降的健康状况等。通常，长期失望在初期的程度较大，随着时间的推移，会越来越小。这种失望会长期影响一个人，甚至能够影响一生。

　　还有一种长期的失望是积累型的，多次的短暂失望，总也得不到弥补，就会积累成长期失望。如，马女士对她老公的情感，不会因为一次生日就产生如此强烈的失望，而是生活中的许多点滴失望积累而成。

　　失望与希望实际是一个事物的两个极端表现，在两个极端中有不同程度的失望和希望，又使二者难以区分，往往是一念之间的转变。

孩子不是家长人生的续篇

不知道你是否有所感悟，其实，没有外人能让自己失望。如果我们把令自己失望的情绪归罪到外界，而不承担自己失望的责任，那么，会永远生活在"受害者"的感觉中。如果我们不把满足自己的欲求放在外界，那我们也就不会失望。

对孩子失望和对配偶失望，是我们在亲密关系上经常看到的问题。这不仅破坏我们的亲密关系，也严重影响着我们的生命品质。那么，我们该如何看待这两种失望呢？

像案例中金玲这样的父母很多，因为自己没有机会完成自己的追求，于是，他们把希望寄托在下一代身上，希望孩子能替代自己实现自己的梦想。可是，这对孩子公平吗？

"张炘炀"这个名字可能你有所耳闻，他是曾经被媒体广泛报道的当年全国年龄最小的大学生，我的一个老家的同学和他是亲戚，所以我对他的情况了解更多一些。他的父亲当年曾有机会继续进修学业，但是却因为某些原因未能如愿。因此，他的父亲渴望在儿子这一代能结束"平平淡淡"的人生。但是，当这位父亲在接受记者采访时说道："别看咱硕士毕业又考上博士了，我说也不见得是成功，一是花了多大心血这就不说，孩子也失去了不少，咱也不能说这就是最好的……"张炘炀父亲的一番话，道出了只注重成绩的缺陷，那就是失去更多其他的东西，比如，友情、社会经验、童年的快乐，甚至还会影响他的道德观。

不仅张炘炀在快速成长的过程中丢失了很多东西，他的父母更是丢失了最重要的"自我"，他们为了张炘炀的学业一路陪读，十几年的时间里，只要孩子在，夫妻俩从来没有看过电视，也几乎没有在家接待过客人。

每一个航天员都有这样的体会，当火箭升空加速时，会出现超重，航天器里的人会有严重的压迫感，这是速度带来的后果。同样，在学习中不断的施压，也会让孩子的心理产生严重的压迫感。

当孩子感受到压力时，他会反抗，金玲的儿子出现了叛逆，这是因为他要尊重自己，张炘炀也曾对媒体表白由于沉迷电脑游戏，险些不能完成硕士的学业，甚至有过因此而自杀的念头。

所以，不要试图通过孩子来达成自己的理想，让孩子成为自己的傀儡。让他们能够按照自己的意志自由发挥出自己的天赋，追求自己想做的事情，享受内心的秩序与安宁。父母最应该做的，是帮助孩子成为他自己，而不是成为自己理想中的那个孩子。

有些家长把自己的愿望加注在孩子身上，是对现实的一种逃避。面对自己的理想，他们没有勇气继续追求，便希望孩子继续自己人生的续篇。作为孩子，他们的成长虽然需要父母的引导，但是却不应该背负父母的人生，尤其是在心不甘情不愿的压力之下。这对孩子而言，是不公平的。

每个时代都有其独特的特点，父辈的经验与遗憾是属于自己生命中的一部分，而孩子的人生，还需要他自己来度过。

对于夫妻来说，如果更多关注对方的动机，而非行为结果，也会令我们避免很多失望情绪。如第一个案例中的丈夫，虽然他的行为没有让妻子满意，但毕竟初衷还是希望妻子过生日能高兴。很多夫妻间出现各种问题，就是不问初衷只看结果，因此产生各种埋怨和指责，造成家庭矛盾。如果在产生埋怨时，多站在对方的角度考虑问题，通过结果能够考虑一下对方的初衷，很多矛盾就会化解了。

失魂落魄者的自救之道

1. 使用积极的意向让自己快乐

当人在失望时，往往内心的自我形象也是失魂落魄的。我们可以主动通过改善内心的自我形象来调理自己的情绪。可以找一张自己满意的照片，将自信和快乐的自己深深印刻到心里，如果察觉自己内在的形象有所颓败，一定要积极改善到满意的状态。内心的自我意向能帮助我们的情绪好转起来。

2. 用"冥想"清除阴影

每天抽出十分钟的时间，白天或是晚上都可以，走到房间中，关上房门，安静地坐在椅子上。在开始的五分钟内想想浩瀚的星空，余下的五分钟在心里描绘自己，把渺小的失望交给浩瀚的寂静，并且清楚地想象出把一切交给寂静的情形。在这个过程中，不要让任何事情打断自己，包括电话、敲门等。

要想使冥想起到作用，就要坚持每天都沉思十分钟。不久之后，你的心理的阴影就能够清除干净了。

3. 找一个倾听者

当自己快要被失望压垮时，不妨找个人倾诉，把自己心中的失望一吐为快，就能够让失望的情绪暂时得到遏制。但前提是对方是一个理解能力强，并且善于倾听，能够用积极的情绪影响自己的人。

4. 失望时找方法

面对挫折时，有人可能会产生失望情绪，这是可以理解的，但是，我们不能沉浸在这样的情绪中，让情绪掌控自己，而应该思考自己还可以突破的地方是什么，找出失败的症结，继续努力，直到目的达成。

5. 寻求适合自己的目标

有远大的志向是一件好事，但是如果为自己选的目标与自己的实际状况相差甚远，必然会导致失望。例如，本身不具备精通外语的条件，却希望自己能够成为一名翻译家，这样的目标势必不会实现，最终只会让自己感到失望。

因此，在为自己订立目标时，首先要根据自己的实际条件，选择稍微高于自己能力的目标。一方面能够提高自己的能力，另一方面能够增强自己的信心。当实现了这个目标后，可以继续给自己订立更高的目标，循序渐进地达到最终目标。

当然，由于一些客观的因素，目标可能无法达成，这时候要善于调整自己的心理，避免陷入悲观失望的情绪中。

心理能量 5

迷惘
——对不确定未来的恐惧

站在 30 岁的人生门槛边上

要不要为孩子而复婚

职业"迷惘症"

听从自己内在的声音

找到答案的 NLP 练习

站在30岁的人生门槛边上

从小到大，我一直是那种非常平凡的人，没有什么特长，也没有什么爱好，学习成绩中等，长相中等，身材也中等，性格说不上开朗，也说不上内向，似乎没有什么性格。

大学毕业后，我进了一家企业做职员，工作简单，工资不高也不低，福利待遇也不错。经过朋友的介绍，有了女朋友，感情平淡而稳定。一天，女朋友忽然问我对未来有什么打算，这个问题把我问住了。这时，我才发现自己一直没有想过未来，对待生活就是得过且过，我还这么年轻，难道就要像"白开水"一样过一生吗？

看看自己身边的人，有人正在为自己的事业打拼，小生意做得红红火火，有的正在一门心思地为自己的事业打拼，希望升职。而我呢？既不想做生意，也没有心思琢磨升职。后来，我尝试着参加了一些培训班，但是总也提不起学习兴趣，感觉这也不是自己想做的事情，于是就放弃了。

想要放弃现在安逸的工作，做一些对自己有挑战的工作，但是又怕自己做不到，到时候生活得不到保障。马上就要三十岁了，我却不知道人生的道路应该走向哪个方向，眼前似乎有一团迷雾，只有拨开它，我才能看清自己的方向，继续前进。

要不要为孩子而复婚

我和前夫离婚两年了，离婚的原因是他出轨。孩子一直由我抚养。这两年里我们接触不多，偶尔有接触也是为了孩子，他似乎交往过几个女朋友，但是我一直单身。

最近他找到我，对我说他现在也是一个人，因为他忘不了我们从前的家庭，这两年的时间让他发现最适合他的人还是我，希望能和我复婚。为了孩子，我认为可以考虑，于是我们的接触开始频繁起来，可是我怎么也找不到当初在一起时的感觉，他对我而言更像一个陌生人。

这时，一个女人打电话给我，是他交往过的一个女朋友。我们聊了许多，最后这个女人劝我们复婚，她说她看得出来前夫一直惦记着我和孩子。于是，我答应了复婚，他很开心，但是我却没有开心的感觉。我提出先让彼此缓和一下关系，毕竟曾经有过裂痕，需要时间来修补，他没有提出异议。可我发现，缓和的时间越长，我不想复婚的念头就越强烈。

孩子因为我们离婚，性格沉默了许多，近来知道我们要复婚，一下子变得开朗起来。看着孩子高兴的样子，我劝自己不要计较那么多，跟谁过日子都是一样的。可又管不住自己思想上对复婚的排斥。究竟要不要复婚？我迷茫了。

职业"迷惘症"

迷惘，是分辨不清而困惑，不知道该怎么办的心理。迷惘心理，通常来说是一个人在人生旅途上对未来产生了恐惧，对未来有太多的不确定，不知道自己要的是什么。

每个人的一生中，都可能会遇到迷惘的时候。迷惘的原因往往是由很多方面造成的。也许在追求梦想的过程中，突然找不到前进的方向；也许是求学深造的过程中，感到无所适从；也许是在一段感情中，失去了最初相爱的理由……

从第一个案例马先生的叙述中，可以看出他从小在父母的庇护下长大，一直没有受过什么挫折，很可能他一直以来的决定都是父母替他做的，导致他喜欢依赖他人帮助自己做决定。当有人问及他的真实想法时，他才发现自己一直以来都没有形成独立思考的本领。同时，也体现出了他坚持性差，缺乏毅力以及吃苦的精神。

离婚的许女士曾遭遇过婚姻的失败，尽管时间已经让她忘记了那段伤痛，但从内心而言，她对婚姻已经失去了信心，尤其是再婚的对象是前夫时，她害怕自己在同一块石头上摔倒两次。这是对自己缺乏自信的表现，也是本人缺乏辨别能力的体现。

迷惘通常包含两个层面的意义：一种是对现在的情况感到迷惘；另一种是对未来感到迷惘。

对现在感到迷惘，很大程度上是因为个人现在的工作或是学习不太成功，自己想要变得成功一些，但是却找不到有效的方法。对未来迷惘则是对未来没有信心，因此在做决定时感到两难，产生迷惘的心理。

马先生是对现在的生活感到迷惘，无论是工作，还是参加培训，他都找不到成就感，这使他的内心很有挫折感，所以迷惘自己究竟应该怎么做。许女士则是因为遭遇了婚姻的失败，对再一次复婚没有信心，同时又顾及孩子的感受，在自己的感情和孩子之间无法做出选择，因此对未来产生迷惘的心理。

出现迷惘心理一方面和一个人从小接受的教育有关，另一方面和个人自身有关。

通常从小就生活在优越环境中的人，因为没有受过什么挫折，再加上父母的宠爱，使其心理承受能力比之其他人会差一些，容易产生迷惘心理。另一方面，由于自身意志不坚强、情感脆弱，对待精神刺激和心理压力的应变能力很差，从而使对事物的判断、辨别和适应能力都很差，自己没有辨别能力，自然也就容易产生迷惘的心理。

马先生现在的情况，是很多职场人士都会遇到的问题，我从职业心理咨询师的角度告诉大家，在一个人的职业生涯中，至少有四个阶段很容易陷入"看不清前方道路"的职业迷惘的心理状态中。不同的人产生职业迷惘症的时间段和程度都不尽相同，这主要是因为每个人都有不同的目标和需求。

第一个阶段出现在14～22岁，这一阶段正处在学业和求职的双重压力之下，因为对自己的能力缺乏自信，并缺少一定的社会经验，因此，很容易对自己的能力产生迷惘。

第二个阶段出现在22～28岁，一般人在这个阶段已经完全进入了职业发展的主要阶段，已经积累了大量的工作经验，事业处在上升期。当发展进入瓶颈期时，就会产生怀疑，质疑个人的发展目标与现在所处的环境是否一致，公司能否为自己提供与理想相匹配的发展机会等。

第三个阶段是28～35岁，这一阶段的职业发展相当重要，丰富的阅历使得才能得到一定的发挥，同时在工作单位中已经上升到一定的位置，当前的工作

与自身要求的薪水不相符时，就会对自己的能力产生怀疑，或是对公司表示不满。

第四个阶段是35～45岁，这个阶段是最容易发生职业生涯危机的阶段，因为本身积累了丰富的生活阅历，对人生和世事都有了较为深刻的体会，但是却又没有完全看透，因此很容易造成迷惘心理。

听从自己内在的声音

已逝的苹果创始人乔布斯，特别经典的一句名言就是："你们的时间都有限，所以不要按照别人的意愿去活，这是浪费时间。不要囿于成见，那是在按照别人设想的结果而活。不要让别人观点的聒噪声淹没自己的心声。最主要的是，要有跟着自己感觉和直觉走的勇气。无论如何，感觉和直觉早就知道你到底想成为一个什么样的人，其他的都不重要。"

事实上，部分处于迷惘状态中的人，并不是感受不到内心的真正想法，而是内心的真实想法常常被外界的声音所扰乱，导致自己看不清现实。就像许女士一样，她内心不想复婚，但是为了孩子她又认为复婚比较好，孩子便是影响她内心的真正因素。她真正迷惘的不是复婚与否的问题，而是找不到平衡内心的声音与现实存在问题之间关系的方法。

对于孩子而言，一个完整的家庭固然很重要，但是父母之间的关系也直接影响到孩子的成长。在一个家庭中，首要的关系就是夫妻关系。如果夫妻之间已经无爱可言，那么即便制造出温情脉脉的虚假氛围，难道孩子感觉不到？孩子学习到的婚姻模式就该是这样吗？离婚与否，复婚与否，重要的是自己从婚姻中学到了什么，有什么需要改进的地方，自己可以为改善婚姻做些什么积极的事情。只有当许女士愿意把婚姻迷茫的落脚点放在自己这里，而不是放在孩子那里时，事情才能得到积极的改善，否则，为了孩子"牺牲"自己，孩子也会背负沉重的负担。

因此，关键还是要回归到自己这里，让自己静下心来，摒弃掉一切影响你做决定的外界因素，根据自己的内心，找到自己想要走下去的道路。

找到答案的NLP练习

通常，人在迷惘时找不到答案在哪里，希望有人能够为自己指点迷津，但是"解铃还须系铃人"，真正的答案只有通过自己才能真正地了解到。而且不管是谁，都绝对有智慧找到属于自己的答案，只要能够想办法联系到自己的内在智慧就可以了。

有一种NLP的联系方法可以帮助你很快找到自己内在的智慧。NLP是一种简快心理疗法，通过做自我介绍——名字、来自哪里、做什么等让自己更明白自己是什么样的，人生是什么样的。

NLP练习所需要的准备工作是：

找一间很安静也很安全、不会有人打扰你的房间，房间中最好有一些空余出来的空地。然后闭上眼睛，静静地站在空地上，把意识集中到自己的身上，不要关心外界的环境，留意自己的呼吸，能够准确地知道自己是在吸气，还是在呼气，从而使自己的心完全安静下来。这时候，就开始进入实质性的练习。

第一个练习：假设自己现在所站的位置是35岁，然后向前两步走，代表走到了55岁的位置。然后开始想象自己55岁时候的样子：和谁在一起？当时的状态是怎样的？可以听到什么样的声音？然后转过身，看着35岁位置上的自己，说一句鼓励的话给那时候的自己。

接着，再退回到35岁的位置上，接收55岁时自己对自己说的话，并且牢记在心，最后感觉一下自己是否产生了变化。

这个练习在NLP中被称为事件线技术，其精髓在于使人们走出现在的时间点，拉开一段时间来看问题。就好像我们站在一块大石头边上时，看到的就是一块大石头，而当我们站到十米开外时，就可以看到大石头背面盛开着美丽的鲜花，还可以看到有一条小路，通向我们要去的地方。

第二个练习：假如让你选择一个人生导师，你会选择谁呢？想到自己要选择人时，往前跨两步，站在他的位置上，也就是假使自己成了他，然后转过身，对着正在"迷茫的自己"说一句鼓励的话。

这个练习是让人们从当前问题的情景中跳出来，让自己从一个当局者，成为一个旁观者，以他人的身份来看自己，会获得更加广阔的角度和更加清晰的视野。心理学家在NLP的练习中发现，当一个人假设自己是另外一个人时，他的潜意识里就会获得这个人部分直觉和智慧，这是在我们自己的意识层面中暂时无法达到的高度。

因此，我们可以通过做这个练习，体会到一些语言无法传输的信息，这对走出迷惘的状态是十分有效的。

心理能量 6

多虑
——思维定焦在过去和未来

世界末日真的来了怎么办

爱操心的奶奶

你，是不是多虑了呢

为什么小孩子总是那么开心

从多虑到无忧的功课

世界末日真的来了怎么办

　　小敏的性格属于多愁善感型，一直以来她都喜欢用记日记的方式抒发内心的想法，思考多于行动，而她的思考多半是不着边际的胡思乱想。她习惯于把几个月甚至是几年后可能发生的事情放到现在来想，或者是对过去发生的事情，反复进行琢磨，设想假使自己当初换个做法，现在又是什么样的结果。

　　因此，小敏总是不快乐，心里被各种忧虑填满。多虑的性格给她的工作和生活带来了很大的障碍。工作中因为不够果断，错过了很多机会；生活则因为多虑而变得十分压抑，为了一心工作，她整日担心自己会怀孕，尽管采取了避孕措施，但她还是不放心，经常想万一有了孩子怎么办，是打掉还是生下来，如果打掉，就等于丢掉了一个生命，如果生下来，又要多一笔开销……

　　正当她被这些没有边际的想法折磨得寝食难安时，她发现自己怀孕了。家人都建议她生下来，最后她决定听从家人的意见。生与不生的问题解决了，新的问题又来了：她开始担心肚子里的胎儿是否健康，每天想无数遍孩子生下来应该怎么去照顾他，只要一上网就情不自禁地查询关于怀孕的问题，不是想到现在的食品安全问题，就是想到生产时会遇到的突发状况。

　　她每天自己吓自己，结果导致心理压力过大，悲观情绪严重，导致怀孕三个月时流产了。虽然家人对她的照顾无微不至，但她还是忍不住想家人会不会怪她连个孩子都保不住，还忍不住想掉了的孩子会不会化成冤魂来找她，整天弄得神情恍惚。好不容易从流产的阴影中走出来，又赶上了汶川地震，她又每天担心地震怎么办，自己该怎么逃生，父母能不能逃掉。此时，世界末日的传言四起，她又开始担心世界末日真的来了怎么办？自己还没有活够呢……

　　一系列的问题使得她每天都愁眉苦脸，经常心不在焉。她经常说自己特别羡慕天生乐观的人，尽管自己一直以来都很顺利，但就是改不了胡思乱想的毛病。事实上，她也知道自己想的都是不可能发生的事情，即便是发生了，她也有能力处理好，可就是会忍不住提前想。

爱操心的奶奶

　　小洁从小在奶奶身边长大，和奶奶的关系十分亲密。但是自从上班以后，小洁就害怕去看奶奶了，有时候特别想念奶奶，但一想到奶奶看着她唉声叹气的样子，就打消了念头。

　　自从上了70岁，奶奶想的事情越来越多，一家子大大小小的事情，她都要考虑，可是她又解决不了任何问题。儿子买股票她要参与，如果涨了，她就跟着高兴，要是跌了，她则好几天闷闷不乐，叨念着什么时候才能把钱挣回来；上大学的孙子交了女朋友，她知道后，担心得整晚睡不着，心想谈恋爱会耽误学习，耽误了学习今后找不到好工作，再加上外地的女孩子不知根知底，万一不好好过日子怎么办。就连儿媳妇买了新衣服，老太太都要在旁边不住地嘱咐媳妇要多攒点钱，万一有个不测，不至于拿不出钱来……

最近，奶奶的精力都放在了小洁身上。原因是小洁毕业后，放弃了政府部门的工作，进了一家外企。老太太不知道从哪里听说外企压力大，女孩子在里面当男人使唤，更重要的是，还会限制谈恋爱。这下把奶奶急坏了，她认为女孩子岁数大了，就嫁不到好人家了。于是，只要一见到小洁，就劝她换一份工作，小洁觉得奶奶的要求没有道理，苦口婆心地解释了半天，老太太也没能明白禁止办公室恋情和不让谈恋爱有什么本质区别。

前几天，小洁交了一个新加坡籍的男朋友，奶奶一听是国外的，立刻抹起眼泪来：一是不舍得自己的宝贝孙女嫁到国外那么远；二是怕孙女出国了，自己的儿子儿媳老了没人照顾；三是孙女嫁那么远，将来受了气，都没有人撑腰。老太太每天反反复复地想这些问题，一提起就哭，晚上还失眠。看着奶奶如此担心自己，小洁在感觉幸福的同时，感到了重重压力，也不知道怎样才能阻止奶奶不要想那么多根本没有发生的事情。

你，是不是多虑了呢

多虑，也可以说是心事重，类似于疑心病，是指神经过敏、疑神疑鬼的消极心态，多发生在青春期、老年期。症状发生时，经常心神不定，对他人、未来等表示怀疑。多虑者考虑的问题多半是不可能发生的，或者是可能发生，但是也有解决途径的问题。

患有多虑症的患者，往往带着固有的成见，通过想象把生活中发生的无关事件凑合在一起，或者无中生有地制造出某些事件来证实自己的成见，有时甚至会把别人无意的行为表现，误解为对自己怀有敌意。

案例中的小敏和小洁的奶奶的言行表现，基本具备多虑者的特征，现在，我来给大家归纳一下多虑者的特征：

1. 完美主义者

多虑者之所以想得多，很大程度上是为了让人生达到尽善尽美的地步。对一件事情思来想去，说明他们很善于思考一些本质的东西，从这方面而言，多虑不见得是一件坏事，这会使人在一定程度上避免可能出现的错误。

但是世界上并不存在完美，过分地要求自己面面俱到，只会忽略现在拥有的生活，让自己陷入巨大的压力之中。

2. 受生理因素影响

多虑者多出现在青春期和老年期。青春期是身体和思想都进入飞速发展的阶段，开始规划未来的发展道路，因此会给自己施压一些压力。而老年人因为退休在家，有的老年人缺少伙伴和娱乐活动，多出来的时间就用来胡思乱想了，这是他们排解孤单的一种方式。

3. 受社会因素影响

多虑者一般本身意志较差，很容易受到他人的影响。当社会上传言一些负面的消息时，多虑者就会受到严重的影响。

4. 多虑还有一定的诱因

在老年人的群体中，很少有不多虑的人，他们生活了大半辈子，可谓是见多识广，因此对于任何问题都不会轻易做决定，多虑变成了多数老年人的特点。

老年人多虑的范围很广，并不局限在一件事情上，因此多虑的次数也比较多。尤其是退休后，退休金不多的老人，他们会觉得自己成了家庭的负担，经常会考虑"会不会被儿女嫌弃？自己这样做是不是正确，会不会被儿女厌烦？自己又生病了，会不会让儿女讨厌……"但是作为家长的身份，他们不会把自己考虑的问题直接说出来，渐渐地多虑就变成了焦虑，转换成为对儿女的担心，总希望能够通过自己的经验，为儿女减轻麻烦。但是他们却忽略了两代人生活在不同的年代，经历的事情也有所不同，他们的经验不是没有用，但是毕

竟有些已经不符合时代的发展了。

古人云："悲哀忧愁，则心动，心动则五脏六腑皆摇。"也就是说，过多的忧虑，会引起生理发生紊乱，对身心的影响非常大。同时，也会引起和家人关系的紧张。

为什么小孩子总是那么开心

下午五点，周欣照例到幼儿园接儿子壮壮，今天小家伙没有像往常一样要吃要喝，一路上乖乖走回家。周欣发现了壮壮的不同寻常，于是关切地问儿子怎么了。壮壮像个小大人一样，皱着眉头问道："妈妈，我想问你一个问题。"孩子有了求知欲，作为妈妈的周欣高兴不已，于是，连忙回答说："可以啊，宝贝想知道什么？"

"妈妈，我是从哪里来的？"壮壮眨着一双无辜的大眼睛，认真地问。

该来的还是来了，周欣想到，每个孩子都会问这个问题，可是怎么和孩子解释呢？周欣想到自己小时候问妈妈这个问题时，妈妈告诉自己"是从垃圾堆里捡来的"，当时自己为此难过了许久，后来妈妈又说是"从石头缝里蹦出来的"，周欣才感到些许安慰，毕竟自己和孙悟空有相似之处，但是这造成她很长一段时间里都认为自己会七十二变。再后来，周欣看着弟弟出生，才知道原来自己也是从妈妈肚子里出来的。她问妈妈自己是怎么爬进妈妈肚子里的，妈妈却说她长大以后就会知道。

现在周欣知道了，可是怎么解释给儿子听呢？她绝对不能像自己母亲一样糊弄孩子。绞尽脑汁后，周欣终于想到了一个绝妙的答案，于是清了清嗓子，像讲故事一般说道："很久以前，爸爸把一粒种子放进了妈妈的肚子里，然后妈妈每天吃饭、喝水，给种子营养。然后种子慢慢长大，就像小蝌蚪变青蛙那样，慢慢长出手和脚，过了很长时间，种子就变成了一个婴儿，也就是你，然后医生帮助妈妈把你从肚子里取了出来。"

说完，周欣一边暗暗佩服自己的智慧，一边等着儿子得到答案后满意的样子。结果儿子却是截然相反的表情，眉头锁得更紧了，并且自言自语地说道："我怎么和别人不一样呢？别的小朋友有的来自山西，有的来自河北，我怎么来的这么复杂？明天怎么和小朋友们说呢？"

坐在一旁的周欣听到此话，刚喝进嘴里的水，还没来得及下咽，就吐了出来。

这就是小孩子总是那么开心，而大人总是烦恼多多的原因了。小孩儿思想简单，天真单纯，而大人会因为成长过程中接触到各种事情，变得思想复杂，失去了童真的一面。但有时候，大人真的应该向小孩子学习，学会无忧无虑地面对生活。就像歌德在《少年维特之烦恼》中写的那样："那些像孩子一样无忧无虑的人最为幸福。"

从多虑到无忧的功课

1. 清静自己的心

多虑的人所焦虑的事情一般会分为三种：为自己忧虑，为别人忧虑，为老天忧虑。这样的人其实损人不利己。为别人忧虑，也许别人不觉得这是个问题，你可以提建设性的意见，提醒他防范一些你看到的而他没看到的风险，但是，总是无来由地为别人忧虑看似是爱对方，实则会对一个本来内心清明的人造成负面影响。为老天忧虑的情况也非常多，如堵车时候的心烦气躁，担心下

雨、下雪，担心地震……其实都是没必要的，而除了这些忧虑，人就会清静很多。

2. 回想当初的忧虑事件

想想当初自己忧虑的事件，后来是怎么解决的？也许当初非常恐慌和焦虑，但是是不是也平静地走到了现在？看看当初曾经担心的事情发展如何，过度忧虑者会有一种解脱感，并从此学会摆脱担心，专注现在。

3. 留有专门的时间忧虑

如果忧虑常常在我们头脑中盘旋，就会非常影响我们的生活。如果我们集中时间来面对忧虑，分析忧虑，就会在很大程度上化解忧虑。例如，我们可以抽出安静的一个小时，写下自己的担心，之后在生活中挑战这些事情。一段时间过后，很多人都会对当初写下的文字哑然失笑，这正是解除忧虑的好方法。

4. 保持一颗平常心

有的人多虑是因为患得患失，总是害怕失去什么，如财富、地位等，长期的担忧势必会造成心理状态失衡。要知道王侯将相，最后也不过化为一抔黄土；霸业龙图，最后也终将化作尘埃。只要你不害怕失去，你就没有什么可失去的；既然没有什么可失去的，就不要为此担忧了。

心理能量

7

愤怒

——情绪占了上风并成了
主人

高级主管的超级坏脾气

陈先生在一家贸易公司做高级主管，最近不知道为什么，总是莫名其妙地发火。刚才因为秘书错拿了一份文件，他就把秘书骂得躲在一旁掉眼泪。回到家中，他更加不能控制自己的情绪。妻子做的菜咸了，他竟然把饭桌掀了。儿子学习下降了一名，他竟然把儿子批评得第二天不敢去上学。

而以前的陈先生却与现在完全不同，从前大家都以为他根本不会发脾气，因为他性情温和，对下属赏罚分明。就算是下属犯了错误，他也不会疾言厉色，而是温和地指出，让下属改正。对待家人，他更是宠爱有加，和妻子结婚多年，从未吵过架。儿子出生后，他让妻子在家做全职太太，全心全意地照顾孩子。

为什么自己变得这么喜怒无常？为什么总是控制不住自己的愤怒？这让陈先生百思不得其解。并且他发现，每当自己发火过后，都会伴有紧张、心悸、气闷的情况。尽管陈先生知道自己无缘无故地发火是错误的行为，却无奈怎么也控制不住。

我要被孩子气死了

李女士发现自己特别容易生气，孩子打破了碗她会生气，孩子不睡觉她也会生气，甚至孩子坐在一边看电视，她都会生气。

然而，她越生气，孩子就越淘气。为了惩罚孩子，她把孩子关在了屋子里，并对他大声叫骂。一天下来，她像是从战场上下来，疲惫不堪，但是孩子却依然心情愉快，趁机捣乱，似乎妈妈的愤怒并没有震慑到他。

令李女士更加气愤的是，孩子似乎知道怎样能让妈妈生气，总是故意淘气，看着妈妈被气得发昏，孩子就露出幸灾乐祸的表情，似乎妈妈发火对孩子而言是一件有趣的事情。不知不觉中，李女士的情绪就完全被孩子掌控了。

如此愤怒为哪般

愤怒是一种常见的情绪，是正常、健康的，但很多朋友处理愤怒情绪的方式却往往是不健康的。如以上故事中的主人公们。他们都成了愤怒这种情绪的奴隶。

第一个故事中的高级主管，因为愤怒，严重影响了工作和家庭，而第二个故事中的妈妈，因为愤怒，已经处于歇斯底里的边缘。事实上，愤怒带给我们的负面影响不止以上这些。

当遇到解决不了的问题时，很多人就会感到愤怒，然而愤怒不但不能解决问题，反而会激化冲突，可谓是得不偿失。同时，愤怒不但容易坏事，还容易伤身。

从医学角度而言，愤怒会导致高血压、溃疡、失眠，甚至是心脏病。从心理学角度而言，愤怒则会给我们的心理带来巨大的压力。动物在"战斗时"会有压力的反应，内脏、神经组织以及免疫系统都会为了防备"外敌"而产生反应。长久地保持这种状态，就会给身体造成明显的副作用。这就是压力的害处。虽然人类与动物的身体机能不同，但在极端愤怒的时候，身体仍然会处于备战的状态。因此，愤怒不仅会给我们的身体带来不良的影响，也会引起周围人不愉快的情绪，而且多数都会折射在自己的身上。

愤怒是我们平常所体验的一种常见的情绪，这种情绪在婴儿时期我们就有所体会了。例如一个小婴儿在探索外界世界时受到限制，如活动范围受到了限制，被强制睡觉等，都会引发他的愤怒情绪。对于成年人来说，愤怒依赖于人已经形成的道德准则，属于道德感的范畴。

上文中的陈先生和李女士都对自己莫名其妙的发火感到不解，那么在生活中，到底是什么更具体的原因诱发了愤怒呢？

1. 刺激

有时候，一件很小的事情都可能会导致易怒的人失去平衡。

2. 悲观主义

悲观的人更容易看到事情不利的一面，一旦事情的发展有些偏离，他们首先想到的就是"糟糕了"和"太可怕了"。

3. 抗挫折能力差

有的人遭遇一点点挫折，就难以承受，就大动肝火。

4. 需求过多

因为有太多事情要做，所以感到紧张和压力。陈先生愤怒的原因中，压力占了80%的比例，工作的责任以及家庭的责任，都使陈先生压力重重。

5. 抑制自己的愤怒

很难把自己的想法表达出来，不满的情绪在心中日积月累，人就很容易愤怒。

6. 失控

当人处于控制状态时，内心会产生安全感，一旦失控，就会因为不安全感而引发愤怒情绪。第二个故事中的妈妈，本来希望通过愤怒对孩子能有一种控制，但是，却反过来被孩子牵着鼻子走。

很多人控制不住愤怒，而把这种强烈的负面情绪到处宣泄，以至于伤害到无辜的人，也有的人以为愤怒这种情绪不好，拼命地压抑自己的情绪，结果最后往往会因崩溃而产生更大的破坏性。对于愤怒这种情绪，我们不能一味地压制，也不能任其为所欲为。对于这种情绪，我们需要更深一步的学习。

有多少事值得抓狂

对于易怒的人而言，不顺心的事情常常发生，其实，并不是所有不顺心的事情都值得自己愤怒。哪些事情值得生气，哪些事情不值得生气，这是我们应该认真考虑的问题。

例如，走在马路上，被人无意间碰了一下，或者新买的鞋子被人踩脏了，再或者在餐厅被服务员弄脏了衣服，这些事情确实会影响人的心情，但是还不至于让人发怒。

有些人因为患病或者是酗酒后，言行极易反常，说出令人生气的话语，常常伤害到他人的自尊，或者做了危害他人的事情。在对方失去理智的情况下，我们与之计较只能徒增自己的烦恼。

经常看到有些人为买菜多几毛钱或少几毛钱的事情而大吵大闹，甚至会大打出手；有的家长因为孩子失手打坏了东西，就对孩子大加指责，甚至是拳打脚踢。事后反思，会发现这些小事根本不值得生气，总而言之，还是自己肚量太小。

还有一些人因为流言、传言、小道消息等生气，其实这些消息的可信度很低，甚至有时候自己都认为是假的，但是还是会抑制不住地生气，实在是没有必要。当遇到这种情况时，最好的办法就是不必去听它，冷静地对待和思考，想一想传播这些消息的人是什么居心，有什么动机。把这些都弄清楚了，再生气也不迟。

美国著名的精神病专家雷德福·威廉斯，向自己的病人建议，在自己将要发脾气前，不妨先问自己几个问题：

1. 这件事真的很重要吗？

2. 我的反应是否恰当？

3. 情况是否会有所改变？

当我们认真考虑过这些问题后，就会发现很多事情都不值得我们发脾气，我们动辄就为小事发脾气的坏毛病就会改正。

愤怒的自我管理

1. 表达愤怒

愤怒确实是与为人修养有很大的关系，越是品行修为低的人越容易愤怒。因为这个原因，很多人不敢表达愤怒，心中有了愤怒的情绪一味地压抑，最后造成彻底的发作或者更有破坏性的举措。因此，当心中有了怒气，可以具体针对某件事情表达自己的愤怒，如："我感觉你这话侮辱了我，我很生气！"这时候，即便你拂袖而去，至少人家知道你为什么而生气，也就有了解释和谅解的机会。很多情况下，都是我们暗自生气，最后造成了沟通的误会。

2. 适度宣泄

刻意地控制愤怒，只会令愤怒的情绪一再积压，直到如洪水暴发。因此，适当的宣泄，也可以用来平复愤怒的情绪。你可以用力击打一些毛绒玩具，或者冲进卫生间大喊，当愤怒的情绪得到了宣泄，人就会慢慢恢复到理智状态。如果在冲动的状态下，人很容易办错事，因此，待情绪宣泄完再做决定比较好。

3. 提高修养

为人大度和善是一种美德，同时也是极高修养的体现。当别人用愤怒解决问题时，如果我们能够用幽默来化解，不失为一种更好的心理防卫。当然，这是一种更高能力、更高情商的表现。

4. 接受别人的不完美

很多时候，愤怒是因为感觉自己是对的，而别人是错的。如果反过来想一想，哪里有完美的人？而且每个人的思维方式都是不一样的。如果我们能够接受自己与别人同样都不够完美的事实，尊重个体的差异性，我们的愤怒也就失去了基础。

5. 运动解压

当愤怒的情绪即将产生时，可以通过运动来使精神放松，缓解情绪，这也是心理学上常用的技巧。

心理能量

8

挫折
——压力状态下的应激反应

巨额负债 VS 弟弟上学用钱

顾先生的恋爱恐惧症

挫折感是如何形成的

轻度的挫折犹如精神补品

苏格拉底对失恋者的心理治疗

巨额负债VS弟弟上学用钱

阿美最近经常出现头痛、胸闷、心慌和入睡困难的症状，生活中太多的不如意，压得她有些喘不过气来。

目前面临的最大困难就是阿美读大学、硕士的贷款要在两年内还清，这对阿美来说可是一笔巨额负债，但是家里的弟弟正在考大学，也是需要用钱的时候。想到这些，她就心烦意乱，毕业论文也无法进行下去，眼看着交论文的时间越来越近，阿美恨不得此刻就从地球上消失，这样就不必面对这些困难了。

阿美家里不富裕，初中毕业后，父母就希望她嫁人，为家中减轻负担。但是要强的阿美不愿意自己的一生就这样蹉跎，她就一边打工挣学费，一边上学。

在大学期间她一边打工，一边学习，想在考研究生，但第一次却失败了。阿美第二次才考上硕士。因为一直上学，阿美挣的钱仅够自己的学费和日常支出，现在弟弟上大学需要钱，父母希望她能够帮衬一下，她却拿不出一分钱，自己还面临着巨额的贷款。

自己究竟要不要继续下去了，要不要牺牲自己去帮助弟弟？阿美反复地考虑这个问题……

顾先生的恋爱恐惧症

33岁的顾先生至今没有女朋友，他的婚姻大事成了身边人最头疼的事情，也是他自己最想解决的问题。

自从六年前那场恋爱失败后，顾先生似乎患上了恋爱恐惧症，他不敢谈恋爱，因为他忘不了被恋人背叛时那种撕心裂肺的痛苦。那时候，他还没有事业有成，但是他很满足，他认为自己还有一个真心爱自己的女友。然而在一次偶然中，他发现女朋友还有另外一个男朋友，而那个人是一个老男人，开着豪车，出手阔绰，顾先生被深深地伤害了。

分手后，他整日借酒消愁，用了将近一年的时间，才从失恋的痛苦中走出来，然后一门心思地发展事业。现在的他在这个城市属于高薪阶级，有自己的车和房，唯独没有一个真心爱他的女人。他发现自己不再相信女人，他觉得那些女人不是水性杨花，就是看上他的钱，因此他和女人之间仅限于逢场作戏，从来不会投入真感情。

身边也有对他好的女人，但他认为那只是短暂的，总有一天这个女人会变心，和别的男人在一起。每当家人询问他的婚事时，他也会感到着急，怎么自己就是找不到女朋友呢？

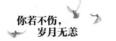
挫折感是如何形成的

挫折，是人们在生活中，进行有目的的活动时，遇到难以克服，或者是自认为无法克服的障碍或干扰，使自己的目的无法达到而产生的障碍。在心理学中表现为个体有目的的行为受到阻碍而产生的紧张状态与情绪反应。

挫折会给人们带来痛苦的感觉，却也往往能够磨炼人的意志，激发出人的斗志，并在这个过程中学会思考，调整心理压力，然后以更好的方式去实现自己的目的。

案例中所呈现的由于压力大而感觉受挫、在情感中受挫，是生活中的常见现象。其实，受挫的困境都会教会我们一些东西。

阿美在自己求学的过程中已经战胜了很多挫折，她现在面临的困境是因为现实的困难超越了她的能力。她需要向自己所战胜的磨难致敬，也需要分清自己与他人的界线。试问：她自己能够自食其力上大学，弟弟为什么就不能呢？有时候，我们会被困难所压垮，可是有些困难本不是自己应该去承担的。放下自己无所不能的执着，就是解放自己。有时候我们的痛苦，来自于我们总想去做自己做不到的事情。

顾先生是因为早期遭遇了情感的挫折，因而变得杯弓蛇影，走不出过去的阴影，形成了固化的思维方式。但是，如果没有那次恋人的背叛，他是否能成就今天的自己呢？而女朋友离开自己，除了因为钱，就没有其他的原因吗？有没有他自己做得不够好的地方呢？如果顾先生真的爱自己的女朋友，就应该尊重她的选择，为何还会念念不忘到至今呢？这恐怕不是真爱，只是在爱自己的虚弱罢了。

通常，挫折是与目标、需求、动机紧密相连的，一旦动机受到了干扰或是阻碍，目标就会无法实现，需求也不能得到满足。这时，人就会产生紧张、焦虑乃至悲观失望等情绪，即在心理上产生挫折感。

轻度的挫折犹如精神补品

挫折的到来常常是预料之外的，在人没有防备心理的条件下，挫折对人的冲击是很强大的。很多挫折会让人一蹶不振，丧失继续前进的动力；对身体也会造成一定的伤害，影响大脑思维、记忆、判断力，引起身体多方面的紊乱等。如果挫折心理长期得不到缓解，还会引起血压升高、心悸、偏头痛等生理问题。

但从积极的方面讲，挫折的确能够帮助我们成长。我们知道，一个人的成长就是适应社会的过程，只有学会调整自己，才能跨过挫折，很好地适应社会。同时，挫折还能够增强我们的意志。一些心理学家把轻度的挫折比作精神补品，也就是说，一旦克服了挫折，就能够获得心理上的收获。

孟子曰："天将降大任于斯人也，必先苦其心志，劳其筋骨，饿其体肤，空乏其身，行拂乱其所为，所以动心忍性，曾益其所不能。"因此，当你感觉到受挫时，就把它想成是锻炼自己的时机来了，完善自己的机遇到了。

有个故事是这样的。一头毛驴掉进了地窖里，怎么努力也无法出来。他的主人用尽了各种办法也无能为力。最后主人决定与其让毛驴承受更长时间的痛苦，不如埋了它，早日成全它归西。于是他开始往地窖里撮土，但是，每一锹被铲下去的土都被毛驴抖落在地，渐渐地，毛驴竟然踏着被自己抖落的土而走出了地窖！是啊，每一锹扬在身上的土对我们来说都是一个挫折，而且是接连

不断的挫折，但是，当我们把这些土都踩在脚底下时，实际上正是这些土成就了我们的高度。

当然，要提醒自己注意的是，虽然挫折能在一定程度上成就我们，但我们也需要注意克服案例中阿美的极端，不要以为自己什么都能扛、自己的能力无极限，以至于去背负别人的责任。适当的时候，也要懂得寻找支持，或者摆脱自己背负不了的别人的责任。我们每个人，能对自己的生命负好责任就足够了。如果想给予，那也需要先斟满自己的杯子。

因此，阿美的挫折也可以看成一种收获，这个挫折也能让阿美理清自己与别人的界线。相信弟弟知道阿美的困境，也会体谅并学着自己面对困难的。

苏格拉底对失恋者的心理治疗

苏格拉底："孩子，为什么悲伤？"

失恋者："我失恋了。"

苏格拉底："哦，这很正常。如果失恋了没有悲伤，恋爱大概也就没有什么味道了。可是，年轻人，我怎么发现你对失恋的投入甚至比你对恋爱的投入还要倾心呢？"

失恋者："到手的葡萄给丢了，这份遗憾，这份失落，您非个中人，怎知其中的酸楚啊。"

苏格拉底："丢了就丢了，何不继续向前走去，鲜美的葡萄还有很多。"

失恋者："我要等到海枯石烂，直到她回心转意向我走来。"

苏格拉底："但这一天也许永远不会到来。"

失恋者："那我就用自杀来表示我的诚心。"

苏格拉底："如果这样，你不但失去了你的恋人，同时还失去了你自己，你会蒙受双倍的损失。"

失恋者："您说我该怎么办？我真的很爱她。"

苏格拉底："真的很爱她？那你当然希望你所爱的人幸福！"

失恋者："那是自然。"

苏格拉底："如果她认为离开你是一种幸福呢？"

失恋者："不会的！她曾经跟我说，只有跟我在一起的时候，她才感到幸福！"

苏格拉底："那是曾经，是过去，可她现在并不这么认为。"

失恋者："这就是说，她一直在骗我？"

苏格拉底："不，她一直对你很忠诚。当她爱你的时候，她和你在一起，现在她不爱你，她就离去了，世界上再也没有比这更大的忠诚。如果她不再爱你，却要装着对你很有感情，其至跟你结婚、生子，那才是真正的欺骗呢。"

失恋者："可是，她现在不爱我了，我却还苦苦地爱着她，这是多么不公平啊！"

苏格拉底："的确不公平，我是说你对所爱的那个人不公平。本来，爱她是你的权利，但爱不爱你则是她的权利，而你想在自己行使权利的时候剥夺别人行使权利的自由，这是何等的不公平！"

失恋者："依您的说法，这一切倒成了我的错？"

苏格拉底："是的，从一开始你就犯错。如果你能给她带来幸福，她是不会从你的生活中离开的，要知道，没有人会逃避幸福。"

失恋者："可她连机会都不给我，您说可恶不可恶？"

苏格拉底："当然可恶。好在你现在已经摆脱了这个可恶的人，你应该感到高兴，孩子。"

失恋者："高兴？怎么可能呢，不管怎么说，我是被人给抛弃了。"

苏格拉底："时间会抚平你心灵的创伤。"

失恋者："但愿我也有这一天，可我第一步应该从哪里做起呢？"

苏格拉底："去感谢那个抛弃你的人，为她祝福。"

失恋者："为什么？"

苏格拉底："因为她给了你忠诚，给了你寻找幸福的新的机会。"

从苏格拉底和这位失恋者的对话中我们可以学到，失恋者最好从自身找原因，学会宽容和祝福，这样才能从根本上解除自己的痛苦。

心理能量
9

吝啬
——破坏人际关系的隐形元凶

我的地盘谁做主

刘芸办公室的窗外，是这个城市的中心公园，俯瞰窗外，公园的美景尽收眼底，工作之余，看一看外面的美景，让人心旷神怡。

公司的同事们都知道刘芸的办公室风景好，闲暇之余，都爱跑到她的办公室，一边喝茶聊天，一边欣赏窗外的美景。开始，刘芸认为公司的管理者一定会加以阻止，没想到管理者不但没有阻止，反而鼓励大家平时多交流，多给公司提意见。有了管理者的支持，大家更加肆无忌惮了。

刘芸的心里渐渐地开始感到不舒服了，明明是自己的办公区域，现在却成了大家的休闲娱乐场所。尤其是一些同事爱吃小零食，不经意间就会制造出一些垃圾。为此，刘芸工作的心情都被破坏了。有时候看着同事们兴致勃勃地谈论窗外的风景，她就气不打一处来，觉得他人侵占了自己的东西一样，恨不得立刻把同事轰出她的办公室。

怎样才能阻止大家进来呢？想了许久，刘芸终于想出了一个办法：她在办公室的门上挂了一个牌子，上面写着"请勿打扰"。开始的时候，还有几个同事进来，她总表现出正在忙碌，并且十分怕吵的样子。几次下来，就再也没有同事聚集在她的办公室里了。她又能够一个人欣赏美景，独占办公室的空间了。

就在她感到十分惬意的时候，同事们与她却渐渐疏远了，公司里的情况她总是最后一个知道，为此她还错过了一个重要的会议。尽管如此，刘芸也没有对自己的行为感到后悔。她感觉自己终于维护和保护了自己的领地。

抠门的老公

我叫小美，我和老公认识三个月就结婚了。结婚之前觉得他有点小气，我以为这是节俭的表现，这样的男人会过日子。没想到结婚后，他简直将"节俭"发挥得淋漓尽致，甚至已经不是节俭，而是吝啬了。

就拿我们结婚举办婚礼来说吧，作为男方，他们家应该包办的，但是我的父母怕我将来受气，所以婚礼的费用一家一半，可以体现出我们平等的地位。结果婚礼刚举行完，他就说我家的亲戚太多了，他们家吃亏了。我怎么也没想到他会这样想，别人家女方一分钱不掏，男方也没有觉得吃亏。

想到刚结婚，我只好忍了。接着是蜜月旅行，本来说好了去杭州，当时正赶上旅游旺季，机票、酒店的费用都很高，他便以此为由想换个地方，并美其名曰为我们以后的孩子攒钱。好在我不怎么看重去哪里度蜜月，重要的是两个人开心。最后选择去了郊外的一个风景区，到了以后我说口渴，让他帮我去买瓶水，然后等了半天他才来，回来后手里却没有拿水，说景区里的水太贵了，让我忍一忍到酒店去喝。我当时问他，是我重要，还是那几块钱重要，他居然回答："都重要！"

一气之下，我独自回到了家里，蜜月旅行就这样结束了。渐渐地，我发现他简直是无处不吝啬，甚至淘米时掉到池子里的米粒，他都会想方设法地弄出来，然后放进锅里。

后来我怀孕了，孕期的反应有点大，便请了假在家安胎。有时候吐得胃都空了，他不但不心疼我，反而恨不得把我吐的东西吃下去，因为在他眼里，我把吃掉的东西吐出来，就是浪费。有时候，我突然想吃一些小吃让他去买，他总是出去一趟，再空手回来，然后找各种各样的借口来搪塞我。只有一次我说想吃冰激凌，他买回来了，却是一根五毛钱的老冰棍。我认为那是糖精做的，所以拒绝吃，他就一边埋怨我，一边自己吃。

他曾和我说过他小时候因为父亲做生意失败，家里赔了很多钱，他尝过穷日子的感觉。当时我听后很同情他，现在才发现，以前的经历对他造成了严重的影响，甚至到让人难以忍受的程度。

一个人之所以小气

我们常常形容吝啬的人"一毛不拔"，这样的人即便是有能力帮助他人，也不愿意付出行动，这属于一种不正常的心态，极度的吝啬还有可能达到变态的程度。吝啬的人不仅是吝啬财物，也会吝啬感情的付出、行动的付出等。

罗素说过："吝啬，比其他事更能阻止人们过自由而高尚的生活。"因为，吝啬能够使人与人之间产生隔阂，对感情还有社会道德而言，吝啬都具有破坏能力。

第一个案例中的刘芸"小气"地阻止了同事们对自己工作空间的干扰，实则也是对自我领地的一种保护。但是，做的过于绝对化，很容易伤害同事之间的感情。保护自己的空间没有错，但是完全封闭起来，也相当于拒绝了外界的往来。如果刘芸能走出自己的空间，或者为别人走进自己的空间设定一些要求，如"垃圾请自行解决""忙碌期间请勿干扰"，相信他的同事也会在了解她的规则的情况下适度而为的。

第二个案例中的老公确实很吝啬，但是他的吝啬并非针对小美，而是小时候受怕了穷而使然。因此，老公的吝啬并不是因为不够爱自己。如果小美明白了这一点，就会对老公多一些宽容。

吝啬的产生有一定的环境因素，这是造成吝啬心理的主要原因，通常家庭环境不良、父母教育不当、周围环境影响等都有可能造成吝啬心理的产生。小时候的生活环境比较贫穷，或是得不到父母的关爱，都容易使一个人变得吝啬，因为他们得到的少，所以对自己拥有的东西就格外珍惜。小美的老公就是一个典型的例子。

第二个原因是个人因素，那些过于自私的人，常常以自我为中心，心胸很狭窄，就像刘芸一样，不能容忍其他人分享属于自己的东西。

最后一个原因是社会原因，有钱的时候能够尽情享受生活，当身无分文时就立刻落到了社会最底层，这种社会上财富占有的不确定性，导致很多人对现实显得十分焦虑，对未来没有信心。小美的老公，正是因为小时候承受了这种富裕与贫困之间的落差，因此在心理上对未来的不确定性感到恐惧，害怕继续过穷日子，于是变得十分吝啬。

"吝啬"有讲究

现在有一种新的生活方式，那就是"吝啬"的生活。在以往的文学作品中，还有人们的意识中，"吝啬"是一个贬义词。但是在奢侈品大行其道、铺张浪费流行的今天，人们给"吝啬"冠上了积极的意义。

"价格主导"网站是一家出售二手文化商品和旅游商品的网站，网站的口号是"变成吝啬鬼"，这个网站的创建者是皮埃尔·科希丘什。皮埃尔创建这个网站的初衷，是为消费者在这个缺少标志的全球化世界中，找到令自己心安的消费方式。当一个人换手机就像换衣服一样快，当一个人穿着用动物生命为交换代价的大衣时，追求时尚，就成了奢侈浪费的代名词。

这个时候，我们就有必要"吝啬"一下了。这里的"吝啬"不是让自己一毛不拔，而是更合理、更有计划地消费，让自己的每一分钱都花在有用的地方，例如用更换新手机的钱去旅游，增长见识的同时，也能让一笔钱用得其所。

现在正在慢慢形成"吝啬"一族，他们用最少的钱，过优质的生活，如会选择集体婚礼、团购婚纱照、团购度蜜月等，这些行为都是一种新的消费观念，那就是只买对的，不买贵的。花钱越多越撑场面的观念，已经渐渐被人们遗弃。

当我们把"吝啬"作为一种健康的消费观念时，吝啬就能够发挥它的积极意义。抑制自己追求名牌的心理，谨慎地面对自己不需要花的钱，清楚地知道自己想要什么，这样的"吝啬"可以避免过度负债的现象，对于未来社会发展而言，这样的吝啬鬼是"精明""负责""积极和可持续"的。这样的吝啬，是针对自己，而非针对他人，对自己的生活精打细算，但是帮助起别人来却毫不含糊。例如：减少买昂贵服装的次数，只买几件在重要场合需要的衣服，然后去资助那些贫困山区的孩子。

"吝啬一族"的消费观念，也是成熟消费的体现，它们不再用金钱来衡量生活，衡量身边的一切，懂得生活的真正意义在哪里。

怎样才不吝啬

1. 跳出"没有钱"的思维

人之所以吝啬，是因为思维里总有"没有"的恐惧。"赚钱是困难的""钱总是不够花的"，这些观念使人谨小慎微，一不小心就做了金钱的奴隶。其实，富裕和贫穷只是自我的感觉。当你有了更大的追求，不再局限于追求金钱，即精神上富足了，金钱就不再是你衡量富裕与贫穷的唯一标准了。

2. 广交善缘

先从自己的家人和朋友入手，为他们提供一些力所能及的帮助，在这些小的善事里面，体会帮助他人的快乐，从而摆脱吝啬的心理。同时，这样做还能在很大程度上缓解和亲朋好友之间的紧张气氛，刷新自己在他们眼中的形象，拉近彼此之间的距离，重新拾起美好的感情。

3. 寻求心理咨询师的帮助

如果以自己的能力无法摆脱吝啬的心理，又严重影响了自己的生活和工作，可以通过专业的渠道获得一些心理指导，根据个人情况的不同来专门制定适合个人的调整方案。

心理能量

10

猜疑
——与信任背道而驰的
消极冒险

老公有"情况"

都说男人四十一枝花，果不其然，娟子的老公今年四十了，不但看不到衰老的迹象，反而随着事业的成功，人也散发着成熟迷人的气质，这让已经有些年老色衰的娟子心里很担心。

老公在公司表现突出，经常会代表公司去外地参加一些会议，每当这个时候，娟子的心里就像是有小猫在挠，脑海里不断浮现出老公和其他女人在一起的场景。

一次，因为临时出了一些状况，老公出差推迟了一天才回来，而且飞机晚点，在机场等了近五个小时。回到家中后，老公已经疲惫不堪。但是娟子还要没完没了地质问，老公只好敷衍了事，这让娟子十分不满，认定了老公做了对不起她的事情。不管老公作何解释，娟子就是不相信。最终老公无法忍受娟子的吵闹，一气之下住到了酒店。

为何上司总不信任我

　　小李已经接连换了很多家公司了，到了而立之年，他仍然在不断地跳槽，而他跳槽的原因只有一个，那就是和上司以及同事的关系紧张。他总认为上司对他持有不信任的态度，甚至有时候还会给他穿"小鞋"。除了上司之外，小李觉得同事们也很排斥他，有时候他一进办公室，原本热闹的场面就会立刻安静下来，小李怀疑同事们是在背后说他的坏话，所以才这样躲着他。

　　更让小李气愤的是，老总最近给他招聘了一名助理。他认为老板名义上是为了协助他更好地完成工作，实际上是找个人在身边监视他。这让他感到了莫大的耻辱，决定再次跳槽。

"疑人偷斧"式的推理

　　俗话说，疑心生暗鬼。一个人一旦被猜忌左右了自己的思维和行动，那么他对周围的人或事都会抱着一种猜忌的心态，或是捕风捉影，或是无中生有，不但不能用正确的态度看待他人，对自己也不能做到正确地评估。

　　就如英国哲学家培根所说："猜疑之心如蝙蝠，它总是在黄昏中起飞。这种心情是迷陷人的，又是乱人心智的。他能使你陷入迷惘，混淆敌友，从而破坏你的事业。"

　　这是一个可怕的思维怪圈，先是在头脑上假设了一个情形或者结果，之后

就拼命地圆自己的假设，圆不上不罢休，最终距离真相越来越远。

上文中多疑的妻子和多疑的员工，都是穿着不同的戏服演着同样一出戏。

猜疑是建立在主观猜测的基础之上的，因此往往缺乏事实根据，只是以主观的想象来猜度别人。猜疑心强的人总是戴着有色眼镜看待他人，认为他人都是虚伪的、丑恶的，对别人的一言一行十分敏感。因此，他们总是小心翼翼地对待他人，时刻保持着防范的心理。

娟子对老公的猜疑完全是出于她的主观判断，老公回来晚了她就认为老公在外面有情况。而事实上，她并没有亲眼看到，甚至没有听到风言风语。在小李看来，一旦工作出色，或者是职位得到了升迁，背后就有一双眼睛盯着自己，别人看待自己都是不信任的，甚至还会扭曲了他人的好意。

他们就像"疑人偷斧"故事中那个人，自己的斧头丢了，便怀疑是邻居偷走了，不管邻居是走是站，在他看来都像是一个贼。

这就是典型的猜疑心理，从一开始自己就先下定了结论，然后走进了猜疑的死胡同。一旦对某个人或某件事产生了怀疑，就会通过找出来的蛛丝马迹再次论证自己结论的正确性，从而形成恶性循环。而事实上，那些所谓的证据，不过是自己臆造出来的，或者是在原有基础上，加上自己的想象而形成的。因为内心是怀疑的态度，所以即便是找到能够证明真相的相反证据，自己也不愿意相信。

猜疑心理从哪里来

猜疑通常都是由一个假想目标引起的，可以是人，也可以是一件事，然后对此进行封闭性思维。人产生猜疑心理的主要原因有以下几个方面：

1. 心灵曾经受过伤害

通常，个体遭受的挫折越大，就越容易产生猜疑心理。

2. 与自身所处的人际关系圈紧张有关

如果一个人长期处在人际关系倾轧、紧张、"火药味"十足、充满了明争暗斗的环境中，就等于为猜疑提供了生长的外部环境，渐渐地，性格中就会融入猜疑、戒备、相互设防的不良基因。

3. 个人的私心过重

猜疑心重的人其私心往往都十分大。他们在遇到事情时，首先考虑的是自己，所以他们行动起总是畏首畏尾，有时候甚至连自己都觉得不甚光彩。因此，他们才会对其他人多加防范，害怕他人看到自己的"小秘密"。相反，如果一个人清心寡欲，那么他就不会猜疑他人。

4. 与个人的成长有关

如果从小就生活在父母的"专权"下，或者在极度压抑的环境中成长，长大后，他的人格中就容易体现出缺乏自信、依赖心强、胆小怕事的特点。因为自己什么也做不成，因此对他人也总是小心翼翼，充满了戒备和猜疑的心理。

5. 与人所处的年龄段有关系

一般而言，随着年龄的增长，年纪越大，猜疑心理就越强。原因在于受体内新陈代谢规律的影响，人的各方面功能都在衰退，如视力下降、耳聋、行

动缓慢等，自然会容易产生自卑感，越是自卑的人，内心的猜疑也就越大。而且，作为老人一般有很多顾虑，如：子女万一不孝顺怎么办？身体总是生病怎么办？会不会成为子女的负担……这样的恐惧心理，也很容易导致猜疑心理的产生。

信任的力量

猜疑很大程度上是因为自己非常敏感，其实，适度的敏感对我们是有利的，但是，过度的敏感就会使我们变得多疑。因此，我们要控制自己的敏感程度。首先，当自己开始怀疑他人时，要立即去寻找怀疑的原因，在还未正式形成怀疑之前，在脑海中形成正反两方面的信息。其实生活中的很多猜疑，只要经过我们稍加分析，就会发现猜疑的原因很可笑，甚至找不到原因。

灯火初上时，一个男子熟练地从窗户翻进了一户人家，他已经观察了很多天，这户人家只住了一个单身女子，每到晚上家里都黑灯瞎火的。他只需要进去偷些钱出来，然后就可以逃离这个城市，躲开警察的追捕。

正当他打开电筒准备搜罗屋子里的值钱物件时，一个温柔的声音响起："是谁？隔壁的陈大妈吗？"然后就看见一个穿着白裙的姑娘，摸索着向他走来。原来是个盲人，男子的心顿时放松下来。他清了清嗓子，说道："我是陈大妈的侄子，她的腿摔伤了，让我过来看看你有什么需要帮助的。"姑娘听后，连忙关心地询问陈大妈的伤势，并且从一个小抽屉里，拿出了几张叠得十分整齐的钱，交给了男子，并说："你和陈大妈一样，都是好人，这些钱算是我的心意。"

本来就是为求财而来的男子，此刻却无论如何也无法说服自己收下这笔钱。他没有想到自己还能够被人相信是好人，他曾无数次对警察解释那个人的钱包不是他偷的，但是警察却不相信他，反而要把他关起来。一种从未有过的温暖，让他的声音哽咽了："好，我替陈大妈谢谢你。"他轻轻地把钱放在了桌子上，然后准备翻窗子离开。

"门在那边。"女孩用手指着另一个方向，笑着对男子说。男子走出门的那一刹那，便决定回到警局，把事情说清楚，他相信自己没有做过的事情，谁也不能冤枉他。男子走后，女孩走到桌子前，把钱又放回那个小抽屉里。其实，她不是盲人，只是电路坏了，物业一直没有过来修而已。

在信任危机越发严重的今天，很多人认为信任他人是一种冒险。如果真的如此，那么猜疑就不是一种冒险吗？每个人的世界都是自己投射的结果，自己是什么样，看到的世界也是什么样。信任作为猜疑的对立面，是一个人高层次的需求。如果我们能够做到对一个人绝对的信任，就能够给这个人带来巨大的力量。

因为信任能够使人产生强烈的责任感，能够充分挖掘人的潜力，并释放出能量。当一个人得到周围人的信任时，他就会产生一种不负众望的心理。

消除猜疑心理的五个建议

1. 多一些信任，宽容待人

宽容是一个人道德情操和品质修养的体现，拥有宽容的心灵，内心就会变得更加纯净。多给他人一些信任，能够拓宽胸怀，提高自己的精神境界，从而排除猜疑这种不良心理的干扰。

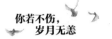

你若不伤，
岁月无恙

2. 摆脱猜疑的错误思维

在遇到一件事情时，不要急着给予定论，这样才能避免走进"先入为主"的错误思维中，才能在无法得到自我证实和无法自圆其说的情况下，不得不打消猜疑的心理。

3. 提高心灵的透明度

提高心灵的透明度，就是要我们敞开心扉。对于猜疑心重的人而言，猜疑是他们心灵闭锁的心理屏障，只有将心灵深处的猜疑公布于众，或者是面对面与被猜疑者推心置腹地交谈，曝光心理的阴暗面，才能使心灵日益透明化，增加相互之间的信任。

4. 不要被流言蜚语迷惑

多疑的人最受不了的就是流言蜚语，常常在流言蜚语中失去理智。因此，要抵制流言蜚语对自己的攻击，在它面前保持冷静，力求找出真相。

5. 不被"离间计"迷惑

在猜疑某个人之前，我们应先对此人进行一番分析，以平时的相处，还有对方为人处世的表现，客观地分析他是不是真的符合我们的怀疑，不要轻易被"怀疑"挑拨了我们和他人之间的关系。

偏执
——保护自我的拙劣手段

本性难移"大男人"

思想偏激"跳楼女"

当一个人属于偏执型人格

首先了解"自我概念"

树立积极的自我概念

偏执狂的自我拯救

本性难移"大男人"

　　零乱的家中，李静的丈夫跪在地上，请求她的原谅，而李静的嘴角还流着血。这样的戏码已经上演过无数次了，每一次李静都选择原谅丈夫，而这一次，她还怀着孕，丈夫仍动手打她，让她对眼前这个男人彻底死心了。

　　两年前，李静经人介绍与丈夫结婚。恋爱时，丈夫对她很体贴，只是偶尔会有些大男子主义。结婚后，丈夫的大男子主义体现得更加明显：一切事情都要他说了算，李静如果表现出异议，丈夫就会大声地呵斥她。有时候，李静想买一件衣服，但是丈夫认为不合适，他便坚决不让李静买。

　　如果两个人争执得厉害了，丈夫就会动手打她。第一次丈夫动手打人，李静收拾东西回了娘家，丈夫在娘家的门外跪了半个多小时，以请求她的原谅。李静选择了原谅丈夫，但是她没有想到，那仅仅是一个开始。李静也曾试着心平气和地和丈夫谈这件事，但是丈夫却说自己本性就是这样，因为他是大男人，如果改了，就不再是自己了。

　　丈夫的回答，让李静无言以对，她只能选择默默地承受。但是李静的退让换来的却是丈夫的变本加厉，他禁止李静和除他以外的男人接触，哪怕是多说了两句话，丈夫就认定李静和那个男人有奸情，不管李静怎么解释他都不听。

这一次，因为李静和邻居的男主人寒暄了一句，丈夫就给了她一个巴掌，并认定李静肚子里的孩子不是他的。李静无法再忍受，提出了离婚，于是就出现了文章开头那一幕。

思想偏激"跳楼女"

晚上六点钟，冯女士接到了学校来的电话，女儿郝娜此刻正站在学校十层楼上准备跳楼。冯女士立刻赶到了学校，所幸的是，经过学校老师的劝导，女儿已经安全地坐在教室里了。经过了解，原来是女儿在学校与同学打了起来，老师从中调节，她却骂老师偏袒家中有钱的学生，与老师争执起来，最后发展到跳楼那一幕。

事情的起因要从上星期的体检开始，不知道因为什么原因，郝娜和一个护士争执了几句，护士最后丢过来一句"神经病"，就走开了。同学们看到这一幕纷纷劝郝娜，郝娜却说大家多管闲事。今天上课期间，有两个同学坐在后面窃窃私语，郝娜隐约听到一些"体检""医生"之类的字眼，便以为那两个同学在议论自己，于是与那两个女生吵了起来，吵着吵着竟打了起来。

而且今天这样跳楼的戏码已经不是第一次上演了，前段时间，郝娜就企图跳楼，被同宿舍的女生救了下来。原因在于她喜欢的一个男生喜欢上了别的女生，她认为那个男生对不起她，而事实上，那个男生很明确地拒绝过她，而她却认为那个男生是想考验她的爱，所以故意拒绝。

同寝室四个女生，郝娜没有一个要好的朋友，大家见了她都避之不及，她从来不从自己身上找原因，反而认为大家是故意针对她。说到这里，老师好心地劝告冯女士，希望她能够带郝娜去看一下心理医生。

当一个人属于偏执型人格

　　偏执型人格的人，不能够客观公正地评价周围的人和事，他们的感觉极为敏感，对他人的羞辱或是无意识的伤害总是耿耿于怀。在思想和行为上，通常表现为固执死板、心胸狭隘、爱嫉妒，或公开抱怨和指责别人。而且，他们对自己的偏执行为持有否认态度。

　　当一个人属于偏执型人格，他就不能和睦地与家人、朋友、同事等相处，总是会不断地发生冲突，直到他人因受不了而离开。

　　偏执的产生主要是因为一个人在知识上的匮乏，见识上的孤陋寡闻，社交上的自我封闭意识，思维上的主观唯心主义等。他们常以绝对的、片面的眼光看问题，总是以偏概全、固执己见、钻牛角尖，不理会他人的好意，甚至还会把别人的好意当成是恶意。

　　郝娜的偏执就属于在思维上主观的唯心主义，她不管事实是什么，总是自己认为是什么就是什么，并且不会理会他人的解释。她只按照个人的好恶和一时心血来潮去论人论事，缺乏理性的态度和客观的标准，容易受他人的暗示和引诱。类似郝娜这样偏执的人，做事情十分莽撞，不计较后果，从不考虑他人的感受。

　　自卑、敏感、多疑的人常常因为听到别人不经意的议论而引起心理上的防范意识，使他们立刻进入"自我防卫"的状态中，当"防卫过度"到了偏激固执的地步时，就形成了偏执型的人格。

首先了解"自我概念"

自我概念即自我意识，是指一个人对自己存在状态的认知，包括对自己生理状态、心理状态、人际关系及社会角色的认知。

美国心理学家罗杰斯认为，自我概念比真实的自我对个体的行为及人格有更为重要的作用，因为它是自我知觉的体系与认识自己的方式。自我概念是指一个人如何看待自己，是对自己总体的认知和认识，是自我知觉和自我评价的统一体。自我概念包括对自己身份的界定，对自我能力的认识，对自己的人际关系及自己与环境关系的认识等。自我的发展是流动的，当一个人开始固定自己、不求发展时，就容易发展成偏执型的人格。

李静的丈夫对自己行为的解释，就是他的自我定义，他认为自己就应该是这个样子，在这个方面已经定型了，不会再有什么改变，只能成为这个样子。其实，这就是在扼杀可能成长的机会，从而给他留下难以改变的问题。

一个人若固执地认为"我就是这样，这是我的本性"时，只会加强自己的惰性，阻碍自己的发展，对自我成长进行设限。而李静的一味忍让，让丈夫的自我认定得到了鼓励，所以他才一直沿袭着"自我"，认为一旦改变，就是失去自我。

生活中，很多人都容易把"自我描述"当成自己不求改变的辩护理由，一旦认为自己是什么人，就是什么样的人。而这其实是在否定自己，因为当一个人必须去遵循标签上的自我定义时，自我就不存在了。

偏执型的人之所以这样，是因为描述自己比改变自己更容易，因此他们一直用"我就是这样"来为自己不愿意改变做掩护，掩饰自己人格上的缺陷。当

这样的"自定义"使用多次后，就会由心智进入潜意识，自己也开始相信自己就是这样，直到真正地定型。

树立积极的自我概念

偏执的人大多容易冲动，如果能够有效地控制自己的冲动，就能够在一定程度上遏制偏执的行为。

控制冲动首先要理智地判断行事。当自己能够做到控制自己的冲动时，就开始破除那些消极的自我概念，逐渐培养积极的自我概念。

当自己想说"我就是这样"，变成说"我以前就是这样"；当自己想说"我没有办法"，变成说"如果我愿意努力，就一定能有办法改变"；当自己想说"这才是我的本性"，变成说"那是我以前的本性"。

不断地对自己的偏执想法和偏执行为进行及时纠正，就能够形成对现实自我的全面客观的认识，有助于我们对自我的认同和积极接纳以及对自我不完善的承认，从而从积极的角度发展自己。

积极的自我概念包括全面客观的自我认识和悦纳自我。

全面客观的自我认识可以通过积极地参加社会交往来实现，在社会交往中充分表现自己，发现自己的优点和不足。心理学家米德强调，自我概念只有在社会交往中才能形成，因此，社会交往对形成全面客观的自我认识有着十分重要的作用。

其次，还可以通过社会比较来增强自我认识。在日常生活中，人与人之间经常会进行比较，这也是人全面客观地认识自我的重要方式。合理的社会比较是综合的比较，而不是毫无原则的攀比，通过与不同背景、不同阅历的人进行全面的比较，然后进行综合的考虑，可以形成积极的自我认识。

最后，要重视他人对自己的态度和评价。美国社会心理学家库利曾提出过"镜中我"的概念，这一概念强调的是别人的态度、评价对自我概念的形成有着重要的作用。个体的自我概念，就是他人态度或评价在自我头脑中的反应。重视他人的态度和评价，并不是要我们完全相信他人的态度和评价，而是把不同的人对自己的态度和评价结合起来，再加上自己的认知，形成一个比较全面、比较客观的自我概念。在这个过程中一定要虚心，这样才能起到调节自我、战胜自我、完善自我的作用。

认识自我后，就是发展自我，发展自我的核心和关键是悦纳自我。这就要求我们无条件地接受自己的一切，无论自己是好的、坏的、失败的、成功的、有价值的，还是无价值的，都应该积极地悦纳，平静而理智地对待自己的长短优劣、得失成败。用发展的眼光看待自己，不要以虚幻的自我来补偿内心的空虚，消极地回避自身的现状。然后在悦纳自己的基础上，树立起自信心，发展自己，更新自己。

偏执狂的自我拯救

1. 广交朋友

多结交朋友可以学会如何信任他人，消除自身的不安全感，这里有一些原则和要领需要注意。

首先要坦诚，真心与人交朋友，才能换来对方的真情。要相信大多数人是友好的，是值得自己去信赖的。交朋友的目的就是为了寻求友谊的帮助，进行思想感情的交流，以此克服自身的偏执心理。对朋友不信任，存在偏见，是对友情的最大伤害，也违背了交友的目的。

其次，要在交往中尽量主动给予朋友各种帮助，这有助于取得对方的信任和巩固友谊。尤其当朋友有困难时，你若伸出援助之手，朋友会大为感动，从而增强彼此的信赖和友谊。

最后，不可忽视交友中的"心理相容原则"。性格、脾气相似，有助于心理相容，搞好朋友关系；性别、年龄、职业、文化修养、经济水平、社会地位和兴趣爱好等也存在"心理相容"的问题；思想意识和人生观、价值观的相似和一致，是心理相容的最基本条件，也就是所谓的"志同道合"。

2. 自我治疗

因为偏执型人格的人头脑里存在非理性观念，因此偏执型人格的人喜欢走极端。要想改变偏执行为，需要做到能够分析自己的非理性观念。非理性的观念通常有：

（1）我无法容忍他人对自己有一点不忠。

（2）我只相信自己，在这个世界上没有好人。

（3）不能忍受他人的进攻，必须立刻做出反击，这样他才能知道我比他厉害。

（4）温柔会给人一种不强健的感觉，因此，我不能表现出温柔。

当你出现以上非理性观念时，可以通过以下方法对这些观念加以改造，剔除思想中的偏激：

（1）别人偶尔的不忠是情有可原的，毕竟我不是君主。

（2）这个世界上还是好人居多的，应该相信那些好人。

（3）马上对攻击自己的人进行反击，并不见得是上策，应该先辨别自己是否真的受到了攻击。

（4）不敢表示自己真实的情感，这本身就是虚弱的体现。

每当自己出现偏激的想法和行为时，就要把这些合理化的观念默念一遍，以此来阻止自己的偏激行为。有时候不知不觉中流露出了偏激的行为，事后要对此加以反省，分析当时的想法，然后做出理性的改造，防止下次再犯。

3. 对立纠正训练

这种方法能够很好地克服对抗心理，防止对其他人不信任和充满敌意的行为。

首先，要经常提醒自己不要陷于"敌对心理"的旋涡中。可以通过事先自我提醒和警告，然后在待人处事时注意纠正，这样能够明显改善敌意心理和强烈的情绪反应。

其次，要知道想要得到他人的尊重，就要先尊重他人，对那些帮助过自己的人表示衷心的感谢。

同时，努力对所有人微笑，即便不习惯也要试着去做。

最后，要学会忍让和有耐心，生活中出现一些摩擦是不可避免的，这时必须忍让和克制，不能让敌对的怒火影响自己的判断力。

心理能量
12

恐惧
——对未知事物无所适从的强烈反应

惧怕鲜花的女孩

　　美丽的鲜花，是很多女孩内心都向往的礼物，但是当小晴收到男友送来的一束鲜花时，却像收到了一个炸弹一样，立刻把鲜花丢得远远的。

　　这个举动让男友感到莫名其妙。对于小晴而言，鲜花不是美好的象征，反而更像是一个噩梦。这其中的源头，要从小晴十个月大时说起。那天，外婆抱着她去参加小姨的婚礼，新郎接新娘时放起了鞭炮，吓得小猫跳上了桌子，把插着鲜花的花瓶碰到了地上摔碎了。见到此景的小晴，立刻吓得大哭起来。

　　两岁那年，小晴一个人在院子里玩耍，忽然就大哭起来，并一直用小手指着开得正艳的牡丹花，不管家人怎么哄都不管用。再长大一些时，小晴就能够表达出自己对花的恐惧感了。一次，她看到一个人举着花环走在街上，竟吓得拼命跑回家，并惊慌失措地对母亲说，花张着嘴来追她了。然而母亲并没有注意，还把小晴的话当笑话讲给父亲听。

　　渐渐地，小晴对花的恐惧由鲜花扩展到了纸花、塑料花，甚至是床单上或者是纸上的印花。有时候，为了躲避花，她宁愿选择绕很远的路。身边的人知道小晴害怕花的毛病，常常借此取笑她，导致小晴的性格也越来越孤僻。

不敢登高的老总

张先生是某建筑公司的老总，这天他到酒店参加一个商务会议，被临时通知到顶层的会议大厅召开。当张先生登上电梯时，才发现这个酒店的电梯是观光电梯，随着电梯的不断升高，张先生开始感到呼吸困难、心悸，身体开始战栗，手心不断渗出汗水，他本想故作镇定，却再也控制不住内心的恐惧，晕倒在电梯内。

被同事送往医院后，张先生得知自己患了恐高症。这让张先生十分不解，他出生在农村，小时候经常上山爬树，有时候甚至能够爬上三、四层楼高的树，小时候都不怕，怎么长大后反而恐高了呢？

百思不得其解的张先生只好向心理医生求助，在心理医生的引导下，张先生缓缓说出了自己第一次对高空感到不适的情形。那次，他正在工地现场勘查，忽然伴随着一声惊呼，一个东西重重地落在了他面前，等他回过神来时，看到的是四处弥漫的血迹，和一双再也无法睁开的眼睛。

问题似乎找到了根源，但是症状却没有因此而消失，张先生再一次来到了心理咨询室。这一次他被安排在一张旋转椅上，想象不断上升的情景，耳边还伴随着呼呼的风声。张先生再次感到了头疼欲裂，似乎马上就要死去了。正当他想要停下来时，心理医生让他努力想脑海中出现了什么画面。浮现在张先生脑海的是医院的太平间，冰冷的床上躺着他最好朋友的尸体，尸体上盖着白布，朋友的妻儿在旁边撕心裂肺地哭泣，而门外却是亲戚朋友大声争论财产的分配问题。

张先生最好的朋友两年前死于劳累过度，他们从十五岁便一起从家乡出

来，拼命挣钱，终于有了一定的成绩，正准备联手发展事业时，好友却离开了，这对张先生的打击无疑是巨大的，这也是他恐高的始作俑者。

恐惧是一种心理障碍

威廉·荷尔克姆博士说："所有最大的病态心理，影响人类身体最凶恶者，是惧怕的情态。惧怕有许多等级或阶段，自极端失惊、恐怖或震骇情态起，下至感觉接近不幸的轻微惶恐。但是沿这条线的都是同样的东西——在生活中心的一种破坏印象，经过神经系统的作用，会在身体的每一个细胞组织，发生广泛的各种症状。"

恐惧通常来源于超负荷的压力、焦虑以及我们有意识无意识思维之间折射出来的生活事件。当人们被恐惧的心理所束缚时，就会出现不愉快的生理感觉，第一反应就是曲解这些征兆，认为出现了非常严重的错误，或者自己身上将要发生什么事，接着就会产生逃跑或者躲避的行为。

小晴惧怕鲜花的根源在她十个月大的时候，由"鞭炮——小猫——花瓶——花"所产生的连锁效应，使幼小的她受到惊吓，并在心里留下了很深的阴影。看似十个月大的孩子不懂事，没有什么分辨能力，事实上，人在幼儿时期的大脑皮层虽然还没有发育完全，但是却可以记忆东西，只是还没有形成分辨能力。在那个时候受到的严重惊吓，会留在孩子的头脑中，影响她今后的生活。而小晴的父母并没有重视这个问题，才导致小晴对花的恐惧程度日益增加。

而对于张先生而言，他的恐惧来源则更深一层。看似他恐高是因为目睹了工友从高空坠落，然后死亡，而事实上，这只是一个诱发因素。他对高度的格外敏感和感到不适，只是意外坠楼时所引发的应激性反应。这是一种由于突发事件，或者是储蓄困境作用下所引发的一种过激性精神障碍。心理学家指出，这种障碍通常是在受到刺激后数分钟或是数小时后出现，最长超不过三个月就会自动消失。

真正造成张先生恐高的因素是朋友的死亡，当张先生处在高空时，他的反应是头痛欲裂，有一种死亡临近的感觉。美国心理学家玛吉菲利普博士认为，人的肉体和心灵是紧密相连的，身体某个部位的疼痛与心灵的创伤是一致的。当某人在体验剧烈的身体疼痛时，在他脑海中浮现出来的画面，很大程度上就是他内心隐藏的伤痛。

张先生和好友的经历很相似，出生在农村，家庭贫困，凭着自己的努力获得了事业上的成功。然而，朋友却因为劳累过度而死亡，这让张先生似乎看到了自己，他担心自己是否也会像朋友一样突然离世，扔下自己的妻儿。这种焦虑深深地影响着张先生，但是因为对事业的不懈追求，这种焦虑一再被挤压，却从来没有消失。直到工地发生意外，张先生隐藏在心底的焦虑被引发了。

可以说，张先生所恐惧的并不是真正意义上的高度，而是他内心的高度。一直以来，他都在追求事业上的高峰，在精神上早已不堪重荷。他自己还没有意识到，但是潜意识却已经洞察到了，以"高处惊恐发作"的方式来提醒张先生，要注意休息，以免像好友那样，在事业的高峰期猝死。

直面恐惧

恐惧心理其实就是一种心理想象，是存在于幻想之中的，只要我们能够认识到这一点，并且能够正视它，恐惧就会自行消失。

然而，面对恐惧并不是一件容易的事情，我们很多时候都会因无法承受那种恐惧感而放弃。也许这样会使恐惧的情绪暂时消失，却不能得到根除，反而会在潜意识里形成一种信息，即"我能对付这种处境的唯一办法就是逃避"。这样，在下一次面临这种处境的时候，想逃避的欲望就会更加强烈。因此，最有效的办法就是面对。

首先，要能发现自己的不同之处。比如别人都不感到恐惧的事物，而你却十分害怕，就像小晴一样，在别人眼中很寻常的花，却是小晴最害怕的东西。当发现自己的不同之处后，先冷静下来，并且回想是什么原因让自己感到胆怯。心理专家指出，人的胆怯来源于对未知世界的恐惧。那么，当我们知道自己未知的世界是什么时，就很容易找到恐惧的根源了。

很多时候，当我们经过不断的探索追溯到根源，对恐惧的根源进行反思时，会发现曾令我们害怕的原因是那么微不足道，甚至是荒谬的。当明白了这一点时，恐惧就会自然而然地消失了。

所以，只有找到真正的原因，才有可能完全摆脱恐惧，就算是追溯的过程会再次引发你的创伤，会令你陷入深度的恐惧，只有你勇敢地面对，才能接受并最终放下。

但是，类似小晴怕花这样的恐惧症，因为发生的时间比较早，靠本人的力量恐怕难以自救，这样很特殊的、对生活影响又很大的恐惧症，一定要寻求专业的心理治疗机构来帮助自己。

缓解内心恐惧之感

恐惧也是我们日常生活中的常见情绪，对于一般情况的恐惧而言，我们可以使用以下几种方法来缓解自己：

1. 想象自己是演员

当你感到胆怯时，就把自己想象成演员，把自己想象成某剧中的角色，然后通过这个角色来表现自己，这样就可以在很大程度上减少窘迫感。这种方法适用于各种场合，当准备好自己要做的一切时，剩下的就只有全身心地投入到"表演"当中了。不要担心这会使你脱离自己，这种角色预演非常容易消除真实个人和扮演角色的界线，因为你所表现的就是自己的言行，所以流露出的也是真实的自己。

2. 正确使用身体语言

人在胆怯时，通常会表现出闪烁其词、遮遮掩掩、冷漠等，但自己往往不会注意，却会给旁边的人留下十分不好的印象，认为你是一个冷漠、自负的人。而事实上，你的身体语言所传达的信号是"我害怕、我胆怯、我不安"，只是大多数人都会忽略这些身体语言。

因此，当你把紧绷的脸颊变成微笑，把躲闪的眼神集中在对方的脸上时，相信对方就能够感受到你的友好和善意，为沟通扫清障碍。

3. 释放心里的压力

当今社会竞争激烈，尤其是背负着很多人希望的人，内心承受着巨大的压力。他们在事业上取得成功的同时，却也在失去健康、亲情、对生活的享受。

要知道，从来没有最高峰，每个人对成功的定义都是不同的，生命的意义不仅仅只有事业，保持一个相对的稳定也是非常重要的。

所谓的压力都是自己不肯放过自己而造成的，因此，适当地给自己的心灵放个假，让生命的能量得到平衡，也就自然能够摆脱因为压力而造成的各种恐惧。

4. 能够承受最坏的结果

人们所害怕的，无非就是遭受最坏的结果。其实仔细想一想，最坏的结果会是什么？也许是失败了，可失败了又怎么样？最多遭到周围人的嘲笑。如果你不去理会这些，这些就等于不存在。所以，最坏的结果没有什么可怕，没有必要因为它而阻碍我们的生活。

同时，要有一颗坚强的心去承受最坏的结果，跌倒了没什么，站起来，拍干净身上的土，就可以继续前进。

心理能量
13

内疚
——良心和道德上的自我谴责

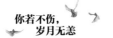
神秘的夜晚咳嗽声

最近孙女士一家搬到了大房子里住，大房子让周围的人都羡慕不已，然而孙女士却在这时候患上了"怪病"，每晚都被神秘的咳嗽声吵醒，但奇怪的是家人却听不到。

这天，丈夫在外出差，儿子和同学出去郊游，孙女士一人吃过药便早早地躺下休息了。正当迷迷糊糊快要睡着的时候，忽然听到门外传来阵阵咳嗽声，孙女士立刻清醒过来，家里除了自己再也没有其他人，而她住的是独栋别墅，不是普通的单元楼，究竟是谁在咳嗽？

为了一探究竟，孙女士悄然起身，随手拿起了床边的手电筒，打开房门走了出去。在楼上巡视一圈，没有人。接着下楼，楼下依然没有人，只有客厅的落地钟发出"滴答滴答"的响声。

不知不觉中，孙女士睡着了。梦中的她正坐在值班室上夜班，看着窗外的瓢泼大雨。一个人影出现在雨中，是父亲，父亲的全身都被雨水打湿了，他哆哆嗦嗦地敲开她的门，然后对她说："妮儿，你弟弟要结婚，但是新房还没有下来，我想把我的房子先借给他，我能不能先借你的旧房子住段时间？"孙女士听后，歇斯底里地对父亲喊道："凭什么借给你？小时候你一点也不疼我。"父亲听后，眼神黯淡下去，冒着雨走了，一边走一边咳嗽，雨中回荡着父亲的咳嗽声"咳咳咳……咳咳咳……"

孙女士被自己的梦惊醒了，脸上还挂着泪滴，那咳嗽声是父亲的。十几年前，父亲来找她借房子，她没有答应，父亲只好搬回乡下的房子里。由于一时适应不了老房子的湿气，父亲感染了风寒，但是他自己却没有当回事，结果在挑水时，由于体力不支，掉到井里淹死了。

父亲死后几个月，孙女士才从弟弟口中得知这个消息。她后悔自己为什么没有借房给父亲，如果这样父亲也许就不会死了。但当她想到小时候，父亲对她的打骂和冷漠时，她又觉得自己做得没错。就因为自己是女孩，而且是前妻的孩子，所以她在家里从来得不到重视。有好吃的、好玩的，都要让给弟弟，她常常看着弟弟吃肉，而自己躲在角落里流口水。一次，她忍不住抢了一块肉吃，却被父亲打得几乎下不了床。

从那时起，孙女士的心里就对父亲，乃至那个家产生了怨恨。所幸嫁人后，丈夫疼爱她，儿子懂事听话，才让她终于感受到了家的温暖。却没有想到，马上就要享受幸福的晚年生活了，她却被父亲的咳嗽声逼到几欲崩溃。

好人为何没有好报

和小洁认识已经四年有余了，起初我们十分要好，尽管我们同岁，但是她更像一个大姐姐，事事照料着我。因此，每当我遇到困难，第一个想到的人就是她，她总能想尽办法帮我摆平。我的父母总是在我面前夸她优秀懂事，而我则像一个长不大的孩子。

后来步入社会，我们各自交了男朋友。我发现小洁对任何人都能够做到无微不至。例如，我们在一起游玩时，她总是能够帮我们准备好可能用到的东西，甚至会帮我们每个人削好苹果；天气稍微转凉一些，她就立刻提醒我穿上衣服，甚至还会亲自帮我穿好。小洁的无微不至让我感到了巨大的压力，尤其是在男友面前，我觉得自己不像是一个成人，更像是一个小孩儿，感到十分没有面子。

于是我便有意地疏远小洁，只是在特殊的节假日选择问候一下。最近，她好像遇到了很多问题。相恋了两年的男朋友与她分手了，原因竟然是她太好了，好到让他受不了。还有侄子上大学的问题，她也跟着操碎了心。

得知小洁遇到难题后，我试图安慰她，但是她却对我说她自己能够解决，不想麻烦我。其实我也想不通，面对如此"完美"的朋友，为什么我会选择远离呢？甚至在小洁的男友和她分手后，我还替那个男人松了一口气。而且据我所知，小洁基本上没有什么知心朋友，很多人开始都会和她很要好，但时间一长，都会渐渐疏远的。

内疚是一个更新自己的机会

内疚，表现为一个人对自己做错事情的承认。内疚者往往有良心和道德上的自我谴责，并试图做出努力来弥补自己的过失。生活中每一个人都会感受到内疚这种情绪，正常的内疚对人的影响是积极的。而过分的内疚，就会成为一种病态，使人陷入长期的痛苦和忧郁中。

在人际交往上，内疚也起着调节关系的作用。当一个人处于"接受者"的状态时，他就会产生内疚，只有他可以在以后做个"给予者"的时候，这种内疚才能消除，才能获得自在感。但是，如果某"好人"总是当"给予者"，不愿当"接受者"的时候，别人的内疚就无法消除，最后往往因为内疚过重而离开这个"好人"。因为在这个"好人"面前，自己实在"不够好"，而没有人愿意拥有这样的感觉。

第一个案例中的孙女士，其实是由于对父亲的内疚而患上了"怪病"，而第二个案例中的小洁，是因为她不愿意承担内疚，总想站在"给予者"的高度，保持道德上的居高位置而导致"众叛亲离"。究其原因，都是没有处理好与"内疚"的关系。

从精神分析的角度而言，很多人精神抑郁，都是因为内心承受着内疚的折磨。当一个人处在内疚的情绪中时，就会产生各种心理障碍，严重者还会影响身心健康。

孙女士的心理障碍的主要原因，就是她对父亲心存内疚。在她心里，她认为父亲的死是她造成的，如果当时她把房子借给父亲，父亲就不会独自住到乡下，也就不会掉进井里淹死。再加上与兄弟之间的感情疏远，导致自己很久以后才知道父亲去世的消息，这种无声的谴责，使她内心的愧疚感和罪恶感加重。因此，父亲出现的那个雨夜，成了她最不愿意面对的画面，所以她选择了暂时遗忘。但是，潜意识却深深地记住了这些。

然而，当她搬进大房子住，丈夫和儿子又不能长期陪在她身边时，她感到了莫大的孤独，这种孤独成了点燃潜意识中的罪恶感的导火线，父亲十几年前出现的场景转换为阵阵的咳嗽声，重新出现在孙女士的记忆中。她一次次听到他人无法听到的咳嗽声，其实是记忆中十几年前父亲在那个雨夜的咳嗽声。

事实上，孙女士这种"我就是杀父凶手"的认知是错误的。她拒绝借房子给父亲住，是她多年来忍受不公平待遇的愤怒情绪的一次集中发泄，她恨父亲为什么不疼爱她。而她无意识地对自己的过失进行放大，致使自己陷入了内疚的泥沼。其实父亲的去世，与她并没有直接关系。

给予者与接受者需要动态平衡

在与人交往的过程中，你是否有过这样的感觉：当接受了他人的馈赠或者帮助时，就会觉得心中有愧，从而有所牵挂，觉得对对方有所亏欠，从而总想找个机会去报答对方，以寻求心理的平衡。

这是人与人交往时最基本的准则，当我们付出时，就会觉得自己拥有了权利；而当我们接受时，则觉得自己有了义务。权利和义务需要不停地转换，才能让交往的双方正常地相处，维持平等的关系。

显然，小洁在与人交往中违背了这一原则，她更乐于当一个给予者。通常，这类人所处的生长环境使他们确信要想生存下去，就必须获得他人的认可，有时他们甚至会改变自己，而去迎合他人。这样很容易导致他们对身边的人，如朋友、伴侣等产生强烈的依赖感。

小洁知道怎样去取悦他人，为了能够寻求他人的认可，她已经形成了一套完善的雷达系统，能够准确地体会到他人的情绪和喜好，然后在第一时间提供他人所需要的东西。与小洁这样的人交往，起初会觉得很幸福，因为自己时时刻刻被照顾，但时间长了，就会感到自我价值的流失，在他们面前，似乎自己是毫无用途的"废物"，这种心理会导致自己想要脱离他们的"庇护"。

每个人在接受了他人的帮助后，只有通过自己的付出，才能缓解心中的内疚，而小洁无形中剥夺了别人的这种权利，她只愿付出，不愿接受，因为她不愿意承受内疚心理，因此便把这种心理推给别人，这对他人而言，是十分不公平的。

向过去告别

做错事情后，当时表现出内疚是正常的，能够对我们起到一定的积极作用。但是当事情过去许久之后，自己仍然处在强烈的内疚之中，就应该及时开导自己，走出内疚的阴影。

对于那些让自己感到内疚的事情，最好的办法就是忘记，埋葬它们，并且永远不要让它们进入到自己的意识中而影响自己的生活。生活总是向前走的，如果我们一直生活在过去发生的某个时刻中，就会加重内心的压力，带走应有的快乐，使我们无法享受到生活的乐趣。对于曾经的过错，不管我们怎么悲伤，也不可能使过去还原。与其这样，为什么还要为了不可能的事情做出无谓的牺牲呢？

在心理治疗中，心理医生得知孙女士错过了父亲的葬礼时，对她进行了"仪式治疗法"，即通过给父亲上坟，来揭开她多年积郁的心结。孙女士最终在家人的陪伴下，来到了父亲的坟前，看着墓碑上父亲的仪容，孙女士再也控制不住内心的情感，把多年的委屈、愤怒以及对父亲的爱全都倾诉了出来。

过去她一直深埋在心底的事情，终于在哭诉中被带到了现实中，也终于变成了过去，不再时刻折磨着孙女士。当我们不知道用什么办法来缓解过去带给我们的伤痕时，就可以像孙女士这样，说出想说的话，做完想做的事，然后告诉自己："都已经过去了，开始新的生活吧。"

掌握平衡之道，牢记五"知道"

一个和谐的关系，付出和接受之间必然是平衡的：一方给予物质和精神上的爱，另一方接受；然后另一方付出更多的物质和精神上的爱。这个循环一旦被打破，关系也就可能土崩瓦解。

当你在交往的过程中，如果产生了内疚的感觉，那就是在提醒我们，应该补偿给对方了。我们应该养成这种习惯，懂得觉察自己的内疚，然后及时做出补偿。当对方感到内疚时，要给对方补偿的机会，不要拒绝对方，让对方完成他的补偿。不要总做一个"好人"，如果你过于喜欢那种"问心无愧"的感觉，那就是在让别人总"问心有愧"。如果你珍惜这段感情，就要让你们之间维持付出和接受的动态平衡。

同时，要知道相对的平衡是一种很理想的状态。通常在生活中都会出现一些失衡状态，但是轻微的失衡没有关系，当严重失衡时，才会产生内疚，也就是提示我们该调整关系了。

同时，我亲爱的朋友，请你牢记以下的五个"知道"：

1. 要知道，那些成功的人，他们不会让内疚影响自己的生活。例如姚明也会投篮失误，如果他一直纠结在失误的内疚中，那么将无法继续在球场上活跃。

2. 要知道，你不是上帝，所以你不是万能的，每个人都会犯错，因此你不必为自己的失误承担全部责任。错误确实是由你造成的，但你并不是唯一的决定因素。

3. 要知道，已经发生的结果是无法改变的，最有效的解决方法不是内疚，而是改正，改正自己的思维，改正自己的行为，避免错误再次发生。

4. 要知道，你的世界里你才是主角，因此对于自己无能为力的事情不要浪费宝贵的时间。

5. 要知道，你的幸福影响着别人，当你为了某个过失而内疚不已，甚至伤害自己时，一定会有人为你痛心，或者受其负面影响。与其这样，不如让自己生活得更好，这也是对他人做出的贡献，算是另一种自我救赎。

心理能量 14

孤独
——将痛苦与幸福双向隔绝的自我封闭

没人知道古怪老头离世

QQ 永远隐身的白领丽人

人为什么会孤独

打开封死的心门

五步走出孤独

没人知道古怪老头离世

在这片富人区，住着一个古怪的老头。他看起来有七十多岁，头发已经全白了。他的双人床上摆放着两个枕头，每天早晨起床后，他都会把两个枕头摆放整齐，尽管另一个一直很整齐。然后他便慢慢走下楼梯，为自己准备早点。他总是习惯性地准备两只杯子，两个碗，自己吃完后，再把多余的杯子和碗收起来。接着他就开始打扫卫生，把家里的每一个角落都擦得干干净净，尤其是去世老伴的照片，他总要擦上很多遍。

当做完这一切后，他常常累得满头大汗，这个时候，他就会打开上了锁的大门，到门口的空地上晒太阳。看看天上的白云，看看飞过的小鸟，他一边看一边喃喃自语，那是他在对去世的老伴说话。有时候，邻居会主动和他打招呼，而他却总是爱理不理，有时候甚至觉得对方很烦，索性起身回到屋子，并重重地关上房门。

渐渐地，周围的人都知道这里住着一个古怪的老头，他从来不与人讲话。一天，所属区域的养老院人员来到他的房子前，希望他能够搬到养老院去住，而他却让工作人员在外面等了两个多小时，才表示自己不愿意住到养老院去。

直到有一天，邻居没有看到老头出门。第二天也是如此，第三天，第四天……屋子里不时传出难闻的气味，敲门也不开，邻居只好选择报警。在二楼，警察看到了穿着整齐的老人躺在床上，他的旁边放着去世老伴的照片，而他早已死去多时，尸体已经开始腐烂。

QQ永远隐身的白领丽人

"站在车水马龙的街头，面对来来往往的陌生人群，我忽然觉得自己就像是茫茫大海中的一叶孤舟，没有知己，没有朋友，只有孤寂。每天一个人吃饭、睡觉、坐车、上班、下班，看到其他同事三五成群、有说有笑，我心里说不出的羡慕。我感觉自己被这个世界抛弃了，我的存在与否对他人而言是无关紧要的。我多么希望有一天，自己能够摆脱这份孤寂，感受一下人生的快乐……"

菲儿在日记本上写下这样一段话后，就蜷缩在沙发的角落里，低声地哭起来。为什么这个城市中有这么多人，却没有一个人愿意走进自己的心里呢？自从妈妈车祸去世，爸爸重新组建了家庭，"亲人"这个概念对自己来说已经越来越模糊。两年前，青梅竹马的男朋友抛弃自己，选择刚认识不久的红颜知己，曾经最要好的玩伴，最亲密的爱人，如今已经形同陌路。孤单的人那么多，而自己偏偏就是其中一个。

有时候，菲儿看见同事们聚在一起说笑，她也很想参与其中，但是又怕大家不欢迎她，她只好坐在一旁，装作漠不关心的样子。有时邻居看到她，会冲她友好地微笑，而她却羞于做出回应，一边转身走掉，一边痛恨自己的羞怯。每天下班回来，看着QQ上时而亮起、时而灰暗的头像，她一个个地点开，再一个个地关掉，因为她实在不知道与别人说些什么。而自己的QQ号长年累月隐身，说不定大家都已经不记得有这样一个人，也许已经把她拉入陌生人，甚至是黑名单。

这种孤寂什么时候能够终结呢？菲儿常常想，如果有一天自己在睡梦中死去，多久才会被人发现呢？也许自己会一直躺在这个屋子里，一直都不会有人发现吧。

人为什么会孤独

现代社会交通、通讯都十分发达，生活也越来越多姿多彩，但是人们的内心却越来越孤单。孤单，已经成为现代人的通病。据心理学家估计，随着社会越来越富有，资讯越来越发达，人们对孤独感的体会将越来越深。

类似菲儿这样的情况，在一些大城市不少见，可以说是代表了如今"80后"生存的主流现象：背井离乡，在大城市打拼事业，身边大多都是来自五湖四海的同事，没有什么知心朋友。巨大的生活压力和无处排解的孤独感，让许多城市白领都忍受着孤独的煎熬。网上流传的短片《亲爱的，你一直很孤单吧？》，采访的是踏入社会不久的年轻人，一人一句"其实，我很孤单"，让很多人看了潸然泪下，因为这道出了他们的心声。

这是孤独心理产生的社会原因，社会的发展无形中造成了这样两个极端，父母在家孤单地生活，儿女在外孤单地打拼。

除此之外，孤独感的产生还受到过去的创伤影响，即在过去的时光里，曾经遭受过心理伤害，因此产生了消极的心境，进而变得自卑冷漠，过分敏感，不相信任何人，也不愿意和任何人交往，最终形成孤单的性格。这点在老人和菲儿的身上得到了充分的体现。

　　老人一直和老伴相依为命，甚少得到儿女们的关怀，当老伴去世后，老人的心里无法承受这个痛苦的事实，同时，他也不愿意接受其他人走进他的生活，因为他害怕那种失去的感觉，所以宁可让自己孤独终老，失去很多可能会得到的快乐，也不愿意再次承受失去的痛苦。

　　菲儿也是如此，父亲的冷漠、男友的抛弃，使她对人际交往过于敏感，她认为自己是不受欢迎的，虽然极度渴望有人能够滋润她孤单的心灵，但是内心深处还是排斥有人打破她的孤独，再次给她带来伤害。这同时也反映出菲儿产生孤单心理的另一个原因，就是对自己的评价过低。

　　孤独是一种正常的心理，但是当这种心理长期积压而得不到恰当的疏导或解脱时，就会发展成习惯，从而导致性情古怪，时常产生挫折感、狂躁感和心灰意冷的感觉。严重者还有可能变为孤独症，厌世轻生。

　　没有人喜欢孤独的感觉，因为它总是带给人种种消极的体验，如沮丧、失助、抑郁、烦躁、自卑、绝望等，同时也会给人的健康带来很大的危害。

　　孤独感的产生与自我评价偏低有关系。每个人都会对自己有所评价，这种评价随外界环境和自身情况的变化而不断地调整着。当一个人的自我评价过低，就容易产生自卑心理，从而过分关注别人对自己的评价，担心自己的形象受损。在他人面前感到羞怯，经常压抑自己的言行，不敢与人交往，这种闭锁心理成了交往中的主要障碍。更深一层探究他们的心理可以发现，事实上他们很自卑，因此不敢轻易地对别人裸露内心，导致孤独感的产生。

　　最后，孤独还受到一个人价值观的影响，例如：有的人认为人与人之间的交往掺杂了太多的利益关系，为了追求道德上的完美，他们宁愿孤独，也要远离那些趋炎附势的人。

　　空巢老人的孤独是当今社会一个特别需要关注的现象。当老人的伴侣去世后，他们的身体和心理都会受到严重的影响，很容易产生孤独感，这已经是一个社会不得忽视的问题。

打开封死的心门

心理学家曾通过心理沙盘的游戏对孤独者进行治疗，发现孤独者用沙具摆放的作品值得回味。他先在沙盘中放了一所房子，房子大门紧锁，门外还放了老虎、狮子等凶猛的动物，看宅护院。这说明这个人的内心是严防死守的，门外的狮子、老虎等是为了吓跑那些可能会接近他的人。

这是种不健康的、消极的孤独心理，会给人带来很多痛苦。经过心理学家的引导，孤独者意识到，自己的孤单来源于自己内心的封闭，是自己不愿意让人靠近，并不是别人不想靠近他。再一次做沙盘游戏时，他打开了房子的大门，欢迎小猫、小狗等可爱的动物进入自己的庭院，这表示孤独者渐渐打开了自己的心门。

想要摆脱孤独的折磨，就必须打开自己的心门，就像是一个人处在无人的山谷中，只有自己主动走出去，才能接触到外面的人。人天生就是一种社会性的动物，单靠自己的力量是无法在社会上存活的，只有学会与人交往，主动与人交往，才能获得丰富的感情，才能体会到生活中的种种乐趣。

心理学家安东尼·斯托尔认为：孤单并不是一件坏事，在孤单的时候，人的精神世界才不会被侵犯，才可以按照自己想要的节奏和方式去生活。同时，人在孤单的时候，也会反思自己，看到更真实的自己。

这种孤独是正面的，是健康的，是在享受孤独给自己带来的惬意时，仍然积极、乐观地追求自己想要的生活，并且不会影响自己的人际关系。

五步走出孤独

第一步：战胜自卑心理

因为自卑，所以羞于与其他人交往，这是一种作茧自缚的行为。事实上，每个人内心都有孤独和自卑的一面，你并没有什么不同，不必在与人交往时感到忧心忡忡。你只是过度在意自己而已，其实，没有谁像你那么在意你自己。

第二步：正确认识自己

通常，对自己评价过低的人，都不敢进行正常的人际交往活动，导致自己走进孤独的牢笼，继而对自己的评价更加低下，这是一种恶性循环。心理学家发现，一些孤独者做出的行为，常常导致周围人的厌烦，例如：他们不考虑他人的感受，只关注自己。如果孤独者能够认识到自己的缺陷，也知道自己的优势所在，就不会盲目地看低自己，就能够在很大程度上降低孤独感。

第三步：积极帮助他人

积极地为周围的人做出一些力所能及的事情，会得到他人的感谢，在感受助人为乐的快乐的同时，拉近你们之间的距离。

第四步：学习交往技巧

多看一些传授交往技巧的书，学习如何与人交往，也可以通过与性格开朗的人交朋友，从他们身上学习如何与人交往。

第五步：树立人生目标

一个没有任何人生目标的人，在生活中很容易陷入迷茫的状态，自怨自艾。相反，一个有梦想有追求的人，是不害怕孤独的。

心理能量
15

害羞
——其实你不是公众人物

爱脸红的女孩

小兰从小就十分害羞。上课时，不敢举手发言，因为害怕老师点到她的名字，她甚至不敢抬起头来看老师。当不得不站起来回答问题时，她的脸一阵白一阵红，甚至还会心跳加速，浑身战栗。

长大后，她害羞的毛病依旧没有改善。因为害羞，到了适婚的年龄，她依旧没有男朋友，最后在家人的张罗下，她才硬着头皮去相了几次亲。在工作中也是如此，她从来不敢在会议上发言，她怕自己的建议不被采纳，也怕被同事说自己自不量力。有时，她穿上一件很漂亮的衣服去上班，但是害怕太过引起他人的注意，走到半路又返回家中换掉。

同时，小兰认为不管是父母，还是同学、同事，他们都不喜欢自己。父母从来没有表扬过自己，对她总是那么严厉，哪怕是一点小小的错误，也会受到批评。同学和同事很少有人愿意和她说话，而且看她的眼光总是十分奇怪，像面对着一个怪物一样。

小兰为此很苦恼，渐渐地，她开始恨自己，认为自己很没用，既不出色，又不能惹人爱，这辈子没有什么前途了。

男人好可怕

大约从四年前开始，佳佳就害怕接触人，不管是家人还是陌生人，她都无法面对，尤其是异性，每当看到异性，她就恨不得找个地缝钻进去。

小时候的佳佳虽然比较胆小，但是还能够与人正常地交往，直到上高中的时候，她属于班上学习成绩比较好，但是却沉默寡言的女生，几乎在学校中没有什么朋友。一次上生物课，老师拿了一个人体标本，为了方便讲解，老师让坐在第一排的佳佳上讲台帮自己拿着标本，那个标本是男性的，佳佳感到很难为情，但是又不敢提出异议，只好按照老师的指示做。

当佳佳万分不自在地站在讲台上时，她感到台下的男生都在对她窃窃私语，从那以后，男生们总是以咳嗽、故意说脏话等方式来公开排挤她。佳佳觉得上学的每一天都是煎熬，因此她总是小心翼翼地避开人群。终于考上了大学，她不像其他大学生一样积极参加各种活动，虽然得到了老师的帮助，但是依旧不能走出高中时候留下的心理阴影，总觉得不管她做什么都会引起周围人的议论。

现在马上就要参加工作了，她不知道该怎么办。这样的自己，能够找到工作吗？有公司愿意聘用她吗？

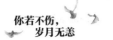

你为什么害羞

害羞，是人际交往中常见的心理障碍。害羞的心理表现为在交往中十分腼腆，动作扭捏不自然，说话声音很小等特点。深度的害羞，就是社交恐惧症，在社交过程中过度约束自己的言行，无法充分地表达出自己的感情，因此很容易造成误解，导致无法与人正常交往。

小兰的害羞与家庭教育关系很大，由于没有得到父母正面的肯定，她的内心一直不够强大，缺少自信，没有体会到充足的爱，也没有爱自己和别人的能力。

佳佳曾因为标本事件受过刺激，但是这样的事件也绝非是偶然的，与她原本胆小的性格有关系。即使不遇到这个事件，也会遇到其他的事件来引发她的羞怯。

德克萨斯大学的阿诺德·巴斯通过研究表明，人的害羞心理分为先天害羞和后天害羞，并且先天害羞和后天害羞之间还存在着一定的区别。在这里，我们主要探讨一下后天害羞的问题。

后天害羞的心理是在一个人的成长过程中形成的，家庭教育不当或者生活环境的影响，都容易对他的心理造成影响。佳佳之所以拿着男性身体标本会感到害羞，并且从此留下了阴影，很可能就是父母曾向她灌输过与男性交往的"羞耻感道德意识"，使她的性格中形成了较强的羞耻心，再加上青春期本身的敏感性，导致了她在人际交往的羞怯心理。

少年在进入青春期后，自我意识逐渐成熟，对别人对自己的评价十分敏感，因此他们对自己的言行都十分注意，避免出丑，希望能够给他人留下好印象。这样的心理使他们担心自己遭到他人的非议，感觉全世界都在注视着自己，尤其是当身体有一些生理变化时，更让他们感到窘迫，产生强烈的自卑感。长此以往，便羞于与人接触，羞于在公开场合讲话。

羞怯心理最初来源于内心的自卑，因为对自己各方面的条件持有否定的态度，所以在人际交往中没有信心，患得患失的心理很严重。即使偶尔参加一些社交活动，也会表现出不良的情绪反应，如内心恐慌、心跳加速、呼吸急促、身体颤抖等。如果这样的心理没有引起本人的注意，害羞就会发展成为更为严重的交往恐惧症。尤其是对那些曾经有过交往挫折经历的人而言，更容易产生这种恐惧心理。例如小兰，她对自己的否定，使她无法与人正常地交往。

除了自卑，敏感也是造成羞怯心理的原因。当一个人对自己言行的后果，以及他人对自己的评价过分在意，甚至把这些当作判别自己的唯一标准时，他就容易害羞。因为他们总觉得自己的一言一行每时每刻都在被人注意。

还有极易受到消极情绪的影响，也是造成羞怯心理的一个方面。这类人容易被别人的思想、言行、情绪等消极暗示影响，从而产生羞怯心理。佳佳认为男生们以咳嗽、故意说脏话等方式公开排挤她，就是因为她太容易受其他人行为的影响，并且给自己消极的暗示，导致自己羞于出现在大家面前，无法正常与人交往。

没人会像你自己那样关注你

心理学家曾做过这样一个实验：把十个人分成男女两组，要求他们各自穿上泳装进行智力测试。测试过后，发现女性组的成绩远远落后于男性组。接着，又让两组人员分别穿上日常的服装进行智力测试，这一次，男女平手。

由此可见，影响这次比赛成绩的并不是智商，而在于心理。女性在穿上比基尼之后，注意力大部分集中在了自己的外形上，她们时刻关注着自己的身体，生怕会给人留下笑柄，这大大影响了她们智力的发挥。

总认为"大家都在看我"，这是害怕心理产生的主要原因，因此害羞的人无时无刻不在注意着自己的言行。而事实上，你并不是名人，也没有什么特殊，大家不会只把目光集中在你的身上，并且将你看得仔仔细细。你就算是不小心做错了，或者是说错了，也有补救的机会，并不会给他人留下多么恶劣的印象。

"疯狂英语"李阳的"反害羞"修炼

说到"疯狂英语"，大家就会想到它的创始人李阳。小时候的李阳并不像这样"疯狂"，他的性格甚至不能说开朗，相反他害羞、内向、不敢见陌生人、不敢进电影院，甚至有一次在理疗的过程中被烫伤了脸他都不敢声张。这样一个胆小的孩子，被他的父母认为将来一定没什么出息。

上了大学后，李阳一直想克服自己的羞怯心理。从前他不敢朗读英语，怕自己读不好被笑话，于是他决定就从英语入手。他在兰州大学的烈士亭，每天清晨都大声地朗读英语，因为认为没有人能听到，他能够放声地读出来了。一段时间过后，李阳参加了学校的英语广角活动，许多学生都称赞他的英语进步很大。这对李阳而言是意外的收获，于是他更加大胆地读起英语来。

他成了兰州大学的一道风景线，每天早晨他都顶着凛冽的寒风，扯着嗓子朗读英语。一年的时间里，他读了大量的英语读物，口语和听力能力都有了很大的提高，考英语四级时，他只用了50分钟就答完了试卷。

英语上的成功，大大提高了李阳的自信。但是他知道这远远不够，于是他又做出了一个疯狂的举动。他让同学们四处宣传他有关于学习英语的特别体会，想要分享给大家。这一消息散播出去后，立刻引起了轰动。离演讲的日子越来越近了，李阳却开始紧张起来，他后悔自己做出的决定。为了让自己能够有勇气走上讲台，他在自己的耳朵上戴了两个大大的耳环，然后让同学押着自己走到街上。

李阳的行为引来了同学们的围观，他感到自己的脸就要烧起来了，他想立刻拿下耳环，然后逃离现场，但无奈被同学押着，他只能硬着头皮前进。既然不能躲避，就只有面对，在经历了短暂的沉寂之后，李阳昂起头来，然后看向每一个正在注视他的人，直到对方收回目光。这一次，李阳又战胜了自己。

从这以后，李阳开始了疯狂地推广"疯狂英语"，不管在什么场合，有多少人在场，他都不再怯场，浑身都散发出自信的力量。

登台演讲是克服羞怯的非常好的办法，但对于胆怯的人而言，上台演讲就像是受刑一样难受。其实，人类天生就有一种应对环境的能力，不逼自己一把根本不知道自己有多优秀。因此，不要太"宠爱"自己，多让自己在公众面前开口讲话，难受、不舒服的感觉就会慢慢减少，然后渐渐习惯，慢慢地就能克服羞怯了。

克服害羞有方法

1. 培养自信

害羞的人通常都很自卑，他们只看到自己的缺点和短处，而看不到自己的优点和长处。因此，要培养出自信，越是让自己害怕的场合，越是要鼓起勇气

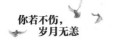
向前走一步。第一次迈出一小步，第二次就能迈出一大步，渐渐培养出自信。

2. 自我暗示

当自己感到紧张、羞怯的时候，可以通过自我暗示让自己冷静下来，鼓励自己说出第一句话，用自我暗示的意识来突破内心恐惧的阻力。

3. 加强锻炼

害羞的人喜欢躲在家中，长期下去神经系统就变得比较脆弱。经常锻炼身体，一方面可以增强体质，另一方面过度的神经反应能够得到缓和，可以在一定程度上减轻害羞。

4. 说出不安

如果感到羞怯，就大胆地说出来，诉说可以在一定程度上使心理舒服一些。再加上来自他人的安抚和帮助，能够在一定程度上增强自己的信心和勇气。

5. 寻找安全感

当参加聚会时，手中握着一些东西，往往能够感到踏实和有安全感，比如一本书、一包纸巾等。

6. 专心看别人

害羞的人通常不敢专注地看他人，但如果总是回避别人的视线，会显得十分幼稚。事实上，你和对方的地位是平等的，拿出勇气，大胆而专注地看着对方吧，你会发现别人也是寻常人。

7. 丰富自己

经常读一些书籍、报纸、杂志等，以此来开阔自己的视野，丰富自己的阅历，当积累到一定程度时，就会发现自己在社交场合中能够很自如地发言了。

8. 有意暴露自己

害羞的人总喜欢坐在角落里，最好不要被别人注意到，无形中失去了让别人认识自己的机会。因此，在一些活动中，应尽量坐在明显的地方，让所有人都注意到自己。这种"曝光"，也许刚开始不太舒服，但是，坚持下来，你就会慢慢成为主角。

9. 大声说话

声音大，并且有条理地讲话，能吸引人的注意力。不要在讲话时含糊不清，并且把声音压得很低。大声地说话不但可以让人听清楚自己的话，还能够让自己产生一种自我实现感。

10. 把话说完

害羞的人在说话时，如果被他人打断，就会感到害羞，事实上他人插话，是因为对你的话题感兴趣，是在鼓励你继续说下去。

心理能量
16

敏感
——为小事抓狂也为小事开心

心惊胆战的每个夜晚

你成功了，我们离婚吧

一颗敏感的心是如何形成的

老王的第 100 个舞伴

缓解敏感的三个专业方法

心惊胆战的每个夜晚

墙上的钟表指向了11点，我关掉电脑，洗漱后躺在了床上。关上灯的一刹那，忽然听到很细微的一声"嗒"，像是有什么东西不小心掉在地上了，又像是一个人脚踩在地上的声音。想到这里，我忽然浑身一震，大气也不敢出，竖起耳朵，集中精神听着屋子里的一切声音，然而，一切都归于平静了。

我这才放心地躺在床上，强迫自己赶快进入睡眠，但越是这样，越是难以入睡，脑海里开始思考：有没有把门反锁？有没有锁好窗户？煤气关了吗？所有的电源都断了吗？正在聚精会神地想着，忽然又听到细细碎碎的声音，就像是有人在翻东西。进来贼了吗？要不要出去看看？看看吧，要不这样更害怕。经过一系列的心理挣扎，我轻手轻脚地站起来，从枕头下面拿出早已准备好的铁扳手，轻轻地走到客厅门口，侧着耳朵听，然后猛地打开灯，什么人也没有。但我还是不放心地每个屋子都巡视了一遍，发现笼子里的小仓鼠已经醒了，刚才的声音应该是它发出来的，然后又检查了门窗、煤气等，一切都妥当后，再次躺在了床上。

这几乎是每天晚上我都必须经历的过程，否则我就无法继续睡觉。尽管我一再告诉自己这只是自己吓自己，可仍然无法控制自己的行为。每每如此，我都会想到刚毕业时，自己在租住的房子内忘记了锁门，半夜里贼偷偷地进来，然后被我打开灯吓跑的情景。那一次虽然没有任何损失，但是依旧吓得我浑身酸软无力。现在尽管住到了八楼，贼几乎不可能爬上来，但只要听到一点动静，我就会立刻紧张起来。不管是客厅中小仓鼠在笼子中发出的声音，还是冰箱启动时的声音，甚至是别人家关窗子的声音，都会让我以为是贼进来了，然后在极度惊恐中入睡。

搬到这个屋子两个月了，几乎每天晚上都是这样，天一亮我便觉得没有什么可怕的，一到晚上就不由自主地有些神经过敏，无法安然入睡，导致我每天都顶着黑眼圈去上班，一整天都无精打采。

你成功了，我们离婚吧

结婚几年来，我和妻子的关系一直很融洽，这几年虽然忙于事业，但是我从未忽略过她。但让我想不通的是，她竟向我提出了离婚，原因竟然是她认为我是一个事业成功的男士，而她是一个普通的中学教师，我们之间相差太悬殊了。

可我从来没有这样想过，在很多人眼中，妻子样貌并不出众，也不会打扮自己，有时候甚至显得有些土气，但我从来没有嫌弃过她，经常带她出席公司的酒会，给她买衣服也从来不计较价钱。她参加了一两次，就不再愿意参加了，在酒会上，她总是很拘谨，我想是因为她对自己的身材不够满意吧。事实上，对已经生过小孩的女人来说，妻子的身材已经让很多女人都羡慕不已了。

上个月，她到公司找我，因为是第一次去，秘书不知道她是我的太太，得知她没有预约后，就照例让她在会客室等。没想到当我赶到会客室时，妻子已经离开了。从那以后，妻子对我的态度就冷淡了许多，时不时提起我们不般配，而我和秘书很般配的话题。我和秘书虽然在工作上很融洽，可是我从来没有过非分之想，她这样说，让我很无奈。

我知道妻子出生在一个重男轻女的家庭中，因为是女孩，一直都有些自卑，所以她努力让自己各方面都很优秀。我没想到自己的事业成功，竟然触动了妻子那颗敏感的心灵，使她想通过离婚来维护自己的自尊。

一颗敏感的心是如何形成的

敏感，是指对外界事物反应很快。敏感的人过度在意细节带来的感受和变动，并且容易将之扩大，然后做出相应的反应。这也就决定了他们经常为一些小事而烦恼，也会为了一件小事而莫名其妙地开心。

敏感心理对人而言有正面效应，也有负面效应。一方面敏感的人心思较为细腻缜密，具有较强的洞察力；另一方面因为敏感会变得比较多疑。

第一个案例中的宋女士和第二个案例中的莫太太都属于过度敏感。不同的是，宋女士是对环境敏感，而莫太太是对人际关系敏感。

宋女士因为曾经在夜晚受到过惊吓，因此，才会对夜晚时发生的声音产生惊恐和怀疑。

从莫先生的叙述中，可以看出他的妻子属于人际关系敏感的人。美国发展心理学家哈沃德·加德纳认为，人际敏感型的人是既以自我为中心又是自卑的人。这种人总是希望成为周围人心目中的焦点和强者，希望得到周围每个人的称赞。但是，由于自身的一些限制，往往不能得到这样的称赞、于是他们谨小慎微、患得患失、多疑，认为人心难测，所以将自己的内心封闭起来。当莫先生事业有成后，他的妻子就感觉自己的"地位"受到了威胁，自己在各方面都处于劣势，于是她的自卑引发了敏感，敏感又加强了自卑。

莫太太认为，莫先生身边的秘书是她的威胁，因为秘书年轻美貌，当秘书对她表现得不够尊敬时，就使她那颗敏感的心受到了伤害。她认为秘书就是自己的潜在情敌，认为秘书与丈夫更加般配，所以才会对秘书的行为反应过激。

造成一个人敏感心理产生的原因有两个方面：

一是自我感觉欠佳，由此产生极强的自卫意识，头脑中永远都是严阵以待的阵势，因此对外界的一切改变都极为敏感，听不进他人的劝告，有时还会认为他人的劝告是虚情假意。莫先生的妻子对秘书的态度如此过敏，是因为自己感觉自卑，由此一直处于防御状态，对别人的态度才会如此敏感。

二是内心不切实际的期望，希望他人能够完全接受自己，赞同自己的建议。但他人往往也有自己的想法，因此造成失望和不满，认为他人是故意和自己作对，引起敏感心理。

老王的第100个舞伴

老王是一个没有什么乐感的人，唱歌经常跑调，可这样的他偏偏喜欢跳舞。

每天下班，老王都会去广场上看人们翩翩起舞。终于有一天，老王决定要加入到他们的队伍中。在这之前，老王也犹豫过，自己一点基础都没有，就这样进去跳，一定会成为他人的笑柄。但如果不这样，就永远无法学会跳舞。老王想到了自己考研时的情景，连续考了三次都没考上，周围的人都劝他放弃，他却认为反正都失败那么多次了，也不在乎再失败一次。结果第五次他果然考上了，并顺利毕业。

考研那么难的事情他都能做到，跳舞也一定行。有了过去的经历做支撑，老王信心满满地加入了跳舞的人群中。他先主动邀请了一位女士做舞伴，结果一支舞还没跳完，他就把人家的白鞋子踩成了灰鞋子。第二支舞，那个女伴说什么也不肯和老王搭伴了，老王只好换一个，第二个也是同样的结局。

别人一场舞只有一个舞伴，而老王要换好几个，这其中他也没少挨骂，也给被踩的舞伴赔了不少不是。就这样，老王换到第100个舞伴时，他的舞技已经炉火纯青了。

老王的精神，就是成功不可缺少的因素——钝感力。"钝感"是相对敏感而言的，由于生活节奏的加快，现代人过于敏感就容易受到伤害，而钝感虽给人以迟钝、木讷的负面印象，却能让人在任何时候都不会烦恼、不会气馁，钝感力恰似一种不让自己受伤的力量。很大程度上，对失败的钝感，也可以理解为百折不挠的精神。人们可以培养自己对挫折的钝感，当你不再害怕失败和嘲笑，也就不会因为一点小事而敏感了。

缓解敏感的三个专业方法

1. 认知疗法

所谓的认知疗法，是指在心理专家的指导和帮助下，消除自身存在的不合理想法，从而消除敏感心理的症状。有一些情况比较严重的人，则需要更多的耐心和支持，最终达到内心成长，收回投射到他人身上的敌意，消除人际敏感的效果。

就莫先生妻子的案例而言，心理专家可以提出几个关键性的问题来帮助她找到自身的根源所在，然后对情况进行多次的分析与探讨，直到她能够慢慢地分析自己的感受和认识，承认有些感受是自己主观造成的，而不是真的和丈夫不匹配。

2. 松弛训练法

松弛训练法是通过有意识地控制自身的心理活动，降低激活水平，改善机体紊乱功能的心理辅导方法。它主要通过肌肉的放松，达到精神放松的目的，以缓解产生的敏感情绪。通常，其方法是紧缩肌肉，深呼吸，释放现在的思想，注意自己的心跳次数等，帮助当事人经历和感受紧张状态和松弛状态，并比较其间的差异。这是使敏感的神经逐渐放松的方法，需要十分冷静的头脑。

3. 系统脱敏法

这种方法可以帮助心理敏感的人脱离、消除敏感，具体的操作过程是：当某人对某种事物、人和环境产生过分敏感的反应时，心理专家就在当事人身上发展起一种不相容的反应，使对本来可引起敏感反应的事物或人等，不再产生敏感反应。

例如，一个人对壁虎十分敏感，一看到壁虎就浑身不舒服，甚至会感到极度恐惧，表现出惊叫、心跳加速、面色苍白等状况。对这种过敏反应，可在其信赖的人的陪同下，在边从事愉快的事情的同时，从无关的话题到关于壁虎的话题，从图片到玩具宠物，从视频的形、声到真实的壁虎，从远到近，逐渐接近壁虎，鼓励当事人去看、去接触，多次反复，直至当事人不再对壁虎敏感。

自负
——极度偏执的自我认识

我是全公司最优秀的人

漂亮，就是我骄傲的资本

自负的根源

从"自我"走向"他人"

到底谁是大爷

寻求走出自负的方法

我是全公司最优秀的人

林某大学毕业后，进了一家私企工作，公司规模不大，只有十几个人。在他们当中，林某的学历是最高的，因此老板对他寄予了厚望，同事们对他也很友好，而他却总是一副傲慢的模样。

他经常这样对朋友说："我们公司总共15个人，除了我和另外一个女同事，其余的都跟草包一样，反应迟钝也就算了，还特别浅薄，想和他们谈一谈书籍、电影之类的，他们居然都没看过，看的都是一些没有营养价值的八点档电视剧。他们聚在一起不是谈论穿衣吃饭，就是家长里短。有一个同事最让我受不了，经常拿个英语单词问大家是什么意思，简直是把无知当可爱。那个女同事虽然能力很强，但是也好不到哪儿去，为人高傲，而且一看就是一个虚荣的人，上周她居然买了一部iphone，我比她工资还高一千块呢，我都没舍得买，啧啧，这样的女人不是居家过日子的人。还有我们那个老板，就他那智商，我都不知道他是怎么把公司开起来的，要不是看他给我的工资高，我一天都不想给这种人打工。"

然而，就在林某自我感觉良好的同时，他发现同事们对他的态度冷淡了许多。再一次见到朋友时，他变得满腹怨气。

"我们公司那群人，真是不知好歹，我这人太直率，有什么说什么，我指出他们做得不好的地方，他们非但不感谢我的指点，还在背地里议论我。早知道这样，我就不管他们了，让他们永远这样堕落下去，早晚有一天他们会后悔。"

漂亮，就是我骄傲的资本

兰兰是一名高中生，长相甜美，亭亭玉立，又能歌善舞，是学校里公认的校花。也许是因为被人捧惯了，她常常看不起身边的其他女生，她认为她们穿衣服太土了，不像自己穿着鲜艳、时尚。男生也不怎么样，就知道对她献殷勤。她是班上的文艺委员，但她总是插手别人的事情，她认为即便是班长也应该听她的指挥，班上所有学生都应该听从她的支配。但是别人给她提意见，她却不愿意听。有同学说她太骄傲了，她却说："我长得，我有骄傲的资。"

自负的根源

自负，就是自己过高地估计自己，自己认为自己很厉害。人的自我意识由自我认知、自我意志和自我情感体验三个方面组成。一个人评价自己，要靠自我认知，但他过高地评价自己，就会表现为自负；当他过低地评价自己，就会表现为自卑。

自负又叫"自大"，也叫"自亢"。自负者一般说来显得"自我"，将自我的观念设为唯一正确的观念，将自己的长处设为标准的唯一。自负往往通过语言、行动等方式表现出来。俗话说：人贵有自知之明，自负实质是无知的表现，主要表现为盲从和狂妄。一个人想要做到"不卑不亢"，则需要心灵的成长。

第一个案例中，在林某的心里，别人身上都是缺点，自己身上则都是优点。这就是自负者身上十分明显的一个特征。林某在公司中遭遇同事的冷淡对待，就是他的自负心理造成的后果，因为他总是自以为是。同时，有自负心理的人也有很强的自尊心。林某总是把自己凌驾于别人之上，并把自己的观点强加于他人身上。就算明知自己错误，也不愿意承认，依旧坚持自己的态度，做事情常以自己为中心，很少关心别人，但却要求别人能为他服务。当他人取得了成就时，或者是拥有了自己想要的事物时，他就会表现出嫉妒心理。如果别人遭遇了失败，则会表现得幸灾乐祸，绝不会伸出援助之手。林某对女同事的评价，完全是"吃不到葡萄说葡萄酸"的心理，借此来寻求心理平衡。

有一个心理学效应是，看一个人炫耀什么，就说明他最缺什么。第二个案例中的兰兰一直炫耀自己的漂亮和能力，实际上在她的内心中，她非常缺乏对漂亮和能力的自信。她不断地打击身边的同学，试图维护自己的"尚方宝剑"，可以想象，如果她这把尚方宝剑一旦折了，她就失去了维系自尊和自信的资本。

自负是自卑的另一个极端的自我评价，自卑者常为自己不具备某种特长而痛苦，而自负者则总是为别人没有达到自己的标准而痛苦。自卑和自负都表现为不接纳，不接纳真实的自己，过于强调自我的片面性，没有看到整体和全局。

产生自负心理的根源通常在幼年时期，一方面是家庭环境。父母关系不和谐的家庭，很容易影响到孩子，使孩子产生对抗情绪，对他人不信任，不愿意与他人接触，从而夸大自身存在的价值，产生自负心理。另一方面是由于家庭教育方式不当，导致自负心理的产生。对于青少年儿童来说，他们的自我评价首先取决于周围的人对他们的看法，家庭则是他们自我评价的第一参考系。溺爱型教育方式，教育出来的孩子往往容易自视甚高，过分自高自大，常常不把别人放在眼里，产生自负心理。父母过分宠爱、夸赞、表扬，都会使他们觉得自己相当了不起。

第二种原因是从小没有受过什么挫折的人，很容易产生自负心理。一个人的认识来源于经验，生活中遭受过许多挫折和打击的人，则很难产生自负心理。尤其现在的青少年，大多都是独生子女，被父母家人捧在手心里长大，如果他们本身又很优秀，就会自信过度，变为自负、自满的个性。

第三种原因是缺乏人际交往的经验。通常，自负的人没有要好的朋友，因为小时候缺乏玩耍的伙伴，使他们在通过相互交往认识真正的自己的环节中存在缺陷，导致他们眼中只有自己，不把他人放在眼中。这样就会渐渐形成自负的心理，长大后这样的心理会使他们更难交到朋友。

还有一种情况是因为自尊心过强，在与人交往的过程中，受到了重挫，感到很受伤，为了保护自尊心，于是产生两种既相反又相通的自我保护心理：一种是自卑心理，通过自我隔绝，避免自尊心的进一步受损；另一种就是自负心理，通过夸大自己，掩饰内心的自卑感。

从"自我"走向"他人"

因为自负者总是过高地估计自己，导致无法认识到自己的真实实力，经常选择一些力不从心的任务，结果以失败告终，他们或是沮丧、固执己见，或是把失败的责任推向客观的原因。自卑和自负看似是两个极端，但是却离得极近。当自负者遭遇挫折的次数多了，自负心理就会变成自卑心理。

如果想要从这种状态中走出来，就要改变自身的心理结构，真正悦纳自己、接纳他人。首先要看到他人的优点，并承认他人比自己优越的地方；然后想办法以他人更容易接受的方式，让他人接受自己身上的优点。

这需要自负者解除自我中心的观念，著名心理学家皮亚杰指出，2～7岁的幼儿属于前运算时期，这时期幼儿的思维有一个特征是自我中心。这个年龄段的儿童往往只注意主观的观点，不能向客观事物集中，只考虑自己的观点，无法接受别人的观点，也不能将自己的观点与别人的观点协调。自负者的自我为中心实际上退化到了幼儿期，一个迷恋于摇篮的人，是无法适应成人世界的。因此，解除自我为中心的观念，就必须了解自己身上出现的儿童般的行为。

将自己现在的行为和幼年时期的行为做对比，就很容易看出自己身上是否存在儿童般的行为。现在的你是否渴望得到他人的关注和赞美，一旦无法得到，就会采取偏激的行为？幼年时期的你希望得到父母的关注和赞美，如果父母忽略了自己，就会以耍赖、哭闹等方式引起父母的注意；现在的你是否总是喜欢指使别人，把自己当作是领导者？幼年时期的你在家中饭来张口，衣来伸手，是家里唯我独尊的小皇帝；现在的你是否在别人比你强时，感到十分失落和嫉妒？幼年时期的你是否总想把别人有而自己没有的玩具占为己有；现在的你是否对别人拥有而自己没有的事物感觉酸溜溜的？当现在的行为和幼年时期的行为基本重合时，就说明幼年时期的认知和行为模式一直延续到了现在。

到底谁是大爷

在俊男美女多如云的影视圈，葛优的长相并不是最出色的，但是他在观众的心中却占有不可取代的地位。观众对他精湛的演技和为人谦逊的态度都非常认可。

从《编辑部的故事》中的李冬宝开始，葛优给人们带来了一个又一个难忘的荧幕角色，成为受人喜爱的喜剧明星，面对如此辉煌的成绩和纷沓而至的荣誉，葛优依旧保持着谦逊的本色，并没有因此而沾沾自喜。一次，葛优出席一部影片的首映式，一位记者采访他："正是因为好多女性看中了你的幽默和潇洒，才觉得你是够档次的爷儿们。现在很多女同胞都亲切地叫你'葛大爷'。"

葛优听罢，立刻摆着手说："不敢当，不敢当，千万别这样称呼我，让我折寿。虽然我头上是秃了点，但也算是个潇洒青年。对我而言，观众就是上帝，我不能把辈分弄颠倒了。要是'上帝'能够认可我的表演，经常光顾影院，我管他们叫'大爷'……其实，我并不认为自己是什么'明星'，那玩意儿晚上亮，白天就看不见了。"

葛优的回答幽默中不失谦逊。汪国真曾说："一个人没有个性，便失去了自己。生活之中，适当地改变自己的个性不是为了赶'时髦'，而是为了自我的完善，恰恰在这一点上，有一些人常常本末倒置。"

生活中太多人以自我为中心，毫不隐讳地彰显个性。有个性自然很好，

但太过个性就会显得锋芒毕露，其后果要么是自惭形秽，要么是遭人反驳。一位哲人说："自夸是明智者所避免的，却是愚蠢者所追求的。真正的明智者之所以不会自吹自擂，因为他知道宇宙广大、学海无涯、技艺无穷，自己终其一生，也不能洞悉其中的全部奥秘。"

因此，不要太把自己当回事，谦逊做人，才能使我们的心理达到平衡的状态，才能得到健康的心灵！这里需要注意，谦逊并不是妄自菲薄，贬低自己，而是在承认自己能力的基础上，不自夸、不自大。

寻求走出自负的方法

1. 接受他人的批评

自负的人大多以自我为中心，凡事都以自己为主，只要满足了自己的愿望就可以，不会在乎他人的感受，并要求他人必须听自己的，自己又不愿意做出任何牺牲。这是自负者最大的弱点，就是不愿意改变自己的态度或接受别人的观点，因此，接受他人的批评是解决这个问题最好的途径。

但值得注意的是，接受他人的批评并不是要你完全听从于他人的摆布，要有选择性地接受对自己有用的信息，改变自己固执己见、以自我为中心的习惯。

2. 建立平等观念

每个人都是平等的，不要看不起他人，也不要妄自贬低自己，无论在观念上还是行动上，都不要无理地要求别人服从自己，要把自己当作一个普通社会成员，与他人平等交往。

狂妄自大只会让身边的人对我们敬而远之，就像躲避瘟疫一样远离我们，老朋友会离开我们，也无法交到新朋友，这样的人生是多么孤单和可悲！为了避免这种悲剧的发生，从现在起转变自己为人处世的方式吧。

3. 全面客观认识自我

"全面"就是要看到自己的优点和缺点，"客观"就是要站在公平公正的角度上对自己进行评价。不可只抓住优点和长处，这样必定会有所偏差。最好是将自己放在社会中进行考察，既能发现自己的独特之处，又能看到他人的独特，然后虚心地向他人学习，帮助自己成长。

4. 发展的眼光看自己

俗话说，好汉不提当年勇。自负者总是沉浸在得到的辉煌中。而一个人的过去不代表现在，现在也不能代表将来。因此，要以发展的眼光看自己，过去的已经过去，不管再辉煌，都将会被遗忘。我们应该努力地使现在的自己变得更好，去迎接将来的辉煌才是正确的选择。

心理学家建议可以通过画圆圈的方式，来判断自己对过去、现在和未来的态度。首先在纸上画三个圆圈分别代表自己的过去、现在和未来。然后观察这些圆圈是否连贯，这些圆圈是否圆满。如果圆圈是连贯的，则表明你对自己的看法是完整的；而哪个圆最大，则表明你对哪个圆所代表的时期倾注了自己最多的感情。比如过去的那个圆最大，说明你对过去很怀念，渴望能回到过去的美好时光；若未来的那个圆最大，则暗示你对未来寄予了很深的期冀，希望明天会更好。

心理能量

18

虚荣

——为寻求他人认可而深陷自设牢笼

打肿脸充胖子的"富二代"

　　我生活在单亲家庭，母亲一个人将我养大，生活很是窘迫。高中毕业后，我没有参加高考，而是收拾行李到广州去打工。

　　到了广州我才知道什么叫作生活，尽管我没有那么多钱去消遣，但是看着别人灯红酒绿的生活，也是一种享受。渐渐地，我认识一些朋友，他们的父亲都是早几年到广州发达起来的，就算他们不上班，也能开着小车，穿着名牌，每天出入夜店。于是，我经常跟着他们一起混吃混喝混玩。时间长了，我感觉他们有些瞧不起我，因为我从来没有主动付过账，不是我不想付，实在是囊中羞涩。

　　再与他们在一起时，他们总是有意无意地挤对我，含沙射影地说一些挖苦我的话。我不想在他们面前丢掉面子，也不想失去认识的这几个朋友。于是便说我父亲在香港经营一家大公司，我伯父是政府的主任，他们为了教育我，所以才封锁我的经济。我这样一说，他们的态度立刻来了一百八十度的大转弯，对我殷勤了许多，说话也客气了。

　　我心里明白他们这么对我是为了巴结我，希望能够和我攀上关系，然后为他们办事。但是我这个身份是假的，整天害怕被他们拆穿，为了证明自己所说的话，我向同事借钱买来了名牌的衣服穿，偶尔也会出手阔绰一下。现在我已经负债累累，一面挣钱，一面还钱，还了钱再借钱来"打肿脸充胖子"。

我一定要比你更幸福

叶子所属的部门，是公司中女人最多的部门，几乎没有男人。女人平时谈论的话题离不开家庭和购物，今天她买了一件名牌衣服，后天她带来了老公亲手做的便当，渐渐的，相互之间就开始相互较劲儿，相互比较，总怕别人比过自己。

原本并不虚荣的叶子，也渐渐被这种气氛所感染。只要有同事穿了名牌的衣服或是戴了新的首饰到公司，她心里就像堵了石头，十分不愉快。于是，她逼着丈夫在结婚纪念日或是她的生日里，要寄鲜花到她的公司，并且要附上甜蜜的留言，为的就是得到同事们羡慕的目光。

一天，一个女同事开着一辆新车来了公司，连忙拉她去看，还介绍车的功能有多么好，花了多少钱，最后还不管她愿不愿意，打开车门一定让她上去坐一坐，感受一下。那一天叶子的整个心思都被那辆车占满了，她决定也要买一辆车。回到家后，叶子迫不及待地就把要买车的想法说给老公听，但是老公却不赞成买车。原因是家离工作的地方很近，如果骑车也就是十几分钟，如果开车则需要二十多分钟，因为路上经常堵车。

老公的理由并没有说服叶子，她把家中的存款都拿了出来，然后还向亲戚借了一部分钱，终于凑够了买车的钱。车到手后，叶子第一时间就把车开到了公司给同事们看，在同事们羡慕的眼光中，叶子得到了极大的满足。

人为何会为"名牌"所累

　　每个人都希望能够得到他人的认可，这是一种无可厚非的正常心理。但是，有的人在获得他人的认可后，并不会感到满足，他们总是渴望继续获得更多的认可，于是便掉进了为寻求他人认可而活的虚荣的牢笼里不能自拔。他们不再是自己的主人，而成了他人的奴隶。

　　第一个案例中的青年，为了得到他人的肯定，不惜说谎来为自己撑门面，直到让自己陷入两难的境界。这就是虚荣心的可怕之处：一旦获得了他人的认可，会感到幸福、快乐，当这种短暂的幸福、快乐过去之后，又会再次为了得到他人的认可，进行再一轮的谎言，伪装自己，最后自己陷入圆谎的痛苦里。

　　叶子也是如此，她在爱慕虚荣的心理的驱使下，为了得到他人的认可，选择去做一些自己本不需要的事情，别人买了什么，拥有了什么，她也必须拥有。虚荣心使虚荣的人选择了让他人去掌控自己的尊严或给自己留面子，只有得到他人的赞扬，自己才会感觉良好。这样就把主宰自己的权利拱手让给了外人。

　　可见，物质生活中的虚荣心行为就是一种攀比行为，信奉的宗旨就是"你有我也有，你没有我也要有"，只为了得到周围人的赞赏和羡慕。虚荣心具体的表现是自夸炫耀，通过吹牛、隐匿、欺骗等手段，在他人面前夸张地表现自己。

　　这种心理极其有害，事事都要被他人的行为左右，将无法体会到自己人生的乐趣，因此，这样的人生会充满痛苦和挫折。

　　虚荣心就是以不适当的虚假方式来保护自己自尊心的一种心理状态。虚荣心是自尊心的过分表现，是为了取得荣誉和引起普遍关注而表现出来的一种不正常的社会情感。而这种荣誉，只是对自身的外表、学识、作用、财产或成就表现出的妄自尊大，并不是真正意义上的荣誉。

不为"名牌"所累

爱慕虚荣的人一般都愿意追求"名牌"，因为"名牌"在一定程度上标示了"我是那个层次的人"。这种态度代表了追求名牌人的共同心理，适当的这种标定无可厚非，但是很多商家就是抓住了消费者的这种心态来赚钱的。因此，"假名牌"的事件才会时有发生。

对于成功人士而言，要通过名牌显示自己的社会地位和成功，但是，如果价格低，体现成功的界限就变得模糊，因此，这就是很多成功人士不能接受小品牌东西的根本原因。

对于一般百姓来说，追求名牌也是为了尽量体现自己是个体面人的心理。社会上有些人以外在的条件来评价和判断一个人的价值，倾向于根据穿什么品牌的衣服，开什么品牌的车以及在哪里买房子等消费方式来猜度人的等级。

受到这种趋势的影响，人们开始越来越注重自己的外表。为了克服在激烈的竞争中落伍而产生的疏远感和自卑感，人们不是审视自己的内心，而是想通过华丽的外包装来掩盖内心的脆弱，用名牌装扮自己以掩饰内心的空虚。

与其强调自己身着多少名牌，不如根据自己自身的风格，去挑选使用更具有自身个性的物品，这样个性的你才是最具有魅力的。

克服虚荣心的认知和方法

克服虚荣心，我们需要正确把握以下几种心态。

1. 把握自尊和自重

自尊和自重，是说做人最起码要诚实、正直，不能为了一时的心理满足，就不惜一切代价。社会上出现的"潜规则"，正是因为有些人太想成功了，不惜拿自己的身体去交换，将自己"物化"，这种现象值得深思。只有把握住自尊与自重，才不至于在外界的干扰下失去人格。

2. 强求的荣誉会使自己扭曲

荣誉和地位，是每一个人正常的心理需要，对于自己已获得的荣誉和地位，要珍惜和爱护。但是这种追求必须与个人的社会角色相一致，否则宁可不要，也不能强求。强求得来，非但不能显示自己，也会使自己的人格扭曲。被媒体炒得沸沸扬扬的"张悟本"事件就是一个最好的佐证。

3. 宽容自己的虚荣心

很多人都有虚荣心，也不要把虚荣心看得多么不堪。适当的虚荣心，能促使人不断去努力，使自己变得越来越强，使自己的生活越来越好。因此，适当的虚荣心对我们完善自身是有一定的积极作用的。

4. 分清楚"内因"和"外因"的区别

内因是起作用的根本原因，外因则是条件。自尊心和周围的舆论密切相关。因此，别人的议论，他人的优越条件，这些外因很容易激发我们的虚荣心，以获得自尊的满足。但是，外界的影响不应该是影响自己进步的主要原因，一个人，只有内在产生成长和进步的需求时，才能不会轻易受外界的影响，才能不被虚荣心所驱使。

5. 使用"痛苦疗法"来约束自己

如果意识到自己已经有严重的虚荣的倾向，可以采用"痛苦疗法"进行自我纠正。每当出现虚荣的心理时，给自己一些惩罚，以此来干预虚荣心理。

心理能量

19

嫉妒
——嫉妒与"不会嫉妒"
同样心存创伤

我只有被别人嫉妒的份儿

不会嫉妒还是没有能力嫉妒

嫉妒心理如发烧感冒一般常见

多子女家庭关于爱的教育

嫉妒上门，如何接待

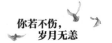
我只有被别人嫉妒的份儿

下午时分，陈晓婷走进了一家心理咨询室。坐下后，便滔滔不绝地诉说起自己的烦恼来，她的烦恼竟然是因为自己遭太多人的嫉妒。这让心理咨询师很不解，通常来咨询的人，都是因为自己不能摆脱嫉妒别人的心理。而眼前这位，她的烦恼竟来源于他人的嫉妒。

于是，心理咨询师问道："你认为别人嫉妒你的依据是什么？"

陈晓婷听后，回答说："原因很多。首先，无论是外貌还是身材，我都比身边的人强很多，经常有富商开着跑车接我下班，尽管都被我拒绝了，但这也足以让我身边的那群女人嫉妒了。除了女人嫉妒我，男人也嫉妒我，就是因为我的业务能力比他们强，我从来不加班都比他们工作做得好，拿的工资多，作为女人，我比他们能干，这让他们无法忍受。所以我在公司中处处受到刁难，这太让我烦恼了。"在陈晓婷叙述的言语中，她无处不透露出自己的骄傲和他人嫉妒带给她的满足感。

听完后，心理咨询师感觉她并不像是来做咨询的，更像是来炫耀自己的。当咨询师问她是否嫉妒过别人时，陈晓婷犹豫了一下，说："当然没有，我从小到大都很优秀，老师和父母都说我特别聪明，我怎么可能嫉妒别人，从来只有别人嫉妒我的份儿，我从来没有嫉妒过别人。"说完这些话，咨询的时间也差不多了，她便离开了，看上去没有什么收获的样子。

当心理咨询师认为陈晓婷不会再出现了时，没想到过几天后，她又出现在心理咨询室。这一次，她看起来稍显憔悴，精神有一些萎靡，但是穿着打扮依然讲究。看到心理咨询师打量她的眼神，她笑了笑说："这几天连夜赶一个方案，没有休息好。""你不是说你从来不加班吗？"心理咨询师问道。

"那是在公司里不加班。如果我真的不加班，怎么可能比别人强。"陈晓婷回答。原来陈晓婷的成绩是通过私下的偷偷努力得来的，而她这样做的目的就是为了在公司中，显示出她精干的一面。所以她宁可回家熬通宵，也不愿意在公司加班。心理咨询师找到了陈晓婷烦恼的根源，她的烦恼并不是真正来自于别人的嫉妒，而是来自她自身"需要"别人的嫉妒。

果然，在心理咨询师的引导下，陈晓婷说出了积压在自己心里多年的秘密。陈晓婷从小就是一个聪明的孩子，学习成绩优异，弟弟与她相比差了不止一点。但是在父母那里，自己从来不如弟弟得到的爱多，不管做什么事情，父母都向着弟弟，就算是弟弟做错了，挨骂的那个人也是陈晓婷。这让她十分不服气，为什么自己这么优秀，却得不到父母的宠爱呢？于是，她拼命学习，凡事都做得恰到好处，为的就是得到周围人的夸奖和父母的赞许。

上学时候如此，上班后也是如此，似乎只有在他人嫉妒的眼光中，她才能得到满足。原来，在陈晓婷的心里，不是她没有嫉妒过别人，实际上，她一直有一个嫉妒的人，那就是自己的弟弟。弟弟没有考上大学，赖在家里吃闲饭，自己则是外企的高管，每月都给家里送钱，可是无论弟弟如何失败，如何不争气，爸妈依然无怨无悔地爱着他。而弟弟比自己优越的原因是什么呢——只是因为他的性别！他是可以为家里传宗接代的人！而这是她无论如何优秀都无法超越、无法打败的。

陈晓婷知道真相后，就再也没有来过心理咨询室，因为她的心结解开了，从此，她需要调整自己的人生目标，因为她一直以来为之奋斗的目标实际上是一场虚幻的泡沫，是永远也得不到胜利成果的幻想。

不会嫉妒还是没有能力嫉妒

李彤是整个公司中最受欢迎的人，不管是男同事，还是女同事。在女同事眼中，她没有女人的那些小肚鸡肠；在男人眼中，她不像其他女人那样整天东家长西家短。更重要的是，她说出来的话，总是能够让人开心。

例如：一个女同事穿着新买的裙子走进办公室，一些没有能力买，或者穿上不及她好看的人就会说："这条裙子和你的上衣不配。"或者是："你买的贵了，我在××街看到，才不到你的一半价钱。"这些话中，真情实意的成分总是抵不过浓浓的嫉妒味儿。换作李彤就不会这样说，她会用十分欣赏的眼光看着对方，然后由衷地说："很漂亮，很衬你的气质，花大价钱买的吧！"这样的话，不管是谁听来，都会满心欢喜。

很多人都希望自己能够成为李彤，总是那么淡定地面对生活，不用被嫉妒之火焚烧。一次，一个女同事忍不住问李彤："李彤，为什么你一点都不嫉妒比你好的人呢？"这一个问题让李彤思量了很久，自己是不会嫉妒呢，还是不敢嫉妒呢？

想起小时候，当看见爸爸给了妹妹一块糖，她也伸手要时，爸爸却说没有了，她一边哭闹，一边用力地推倒了妹妹。爸爸对她的行为很生气，骂了她，骂的内容她想不起来了，但是她清楚地记得爸爸那时候的眼神是厌恶，甚至是鄙夷的，那种眼神让她害怕，让她悔不当初。

这种信念深深植入到了她的脑海里，长大后，每当看到别人比自己好，比自己拥有的东西多时，她总是告诉自己，自己本来就不配拥有那些东西，所以也就没有嫉妒之心了。

嫉妒心理如发烧感冒一般常见

嫉妒，是指人与人之间为竞争一定的权益，对相应的幸运者或潜在的幸运者怀有的一种冷漠、贬低、排斥，甚至是敌视的心理状态。

歌德说："在人类一切情欲中，嫉妒之情恐怕要算作最顽强、最持久的了……嫉妒心是不知道休息的。"确实，有人的地方就少不了嫉妒。男人之间嫉妒彼此的智力优势，女人之间嫉妒彼此的身材美貌；官场上嫉妒他人的青云直上，百姓之间嫉妒他人的富裕生活；同事之间嫉妒他人的倍受青睐……的确，嫉妒令人很难克服。但是，从来不嫉妒别人，就一定是思想高尚吗？

第一个案例中的陈晓婷看似在工作中处处优越，从来只有别人嫉妒她的份儿，她从来不会嫉妒别人。可是深挖下去，才知道她看似受嫉妒之苦，实则享受这种嫉妒，而这种心理，来源于更深层面的对弟弟的嫉妒，她只有拼命努力获取高位，才能维系内心的平衡。可这却是一场打不赢的仗。

第二个案例中李彤的"不会嫉妒"，实则是"不能嫉妒""不配嫉妒"，这是压抑了本性后给自己找的"高尚的理由"。这显然不比"嫉妒"好到哪里去，至少嫉妒的人还在自由地表达自己，而李彤，连真正表达自己的能力都丧失了。

实际上，一个家庭中出现了弟弟或者是妹妹时，第一个孩子就会担心父母对自己的爱会被分割，嫉妒的情绪也就油然而生。此时，作为家长应该理解孩

子的这种情绪，并且在日常生活中注意不要无原则地偏袒一方（常见的就是偏袒年纪小的孩子），否则就会给另一个孩子的心理造成创伤。两个案例中的人物"不会嫉妒别人"，都是与童年的创伤相关。

反观我们自己，实际生活中或工作中，嫉妒心理也如发烧感冒一般常见。当看见自己无法做到的事情，别人能做到，自己想要的东西，被其他人拥有了，自然就会产生嫉妒的情绪，这种情绪控制在正常的范围内，就不至于给他人造成困扰。

但如果一味地沉浸在嫉妒的情绪中，就无法体会到生活的乐趣。陈晓婷和李彤，一个遭人嫉妒，一个不会嫉妒，她们真的没有嫉妒心理吗？当然不是，只是她们把自己对他人的嫉妒压制住了，被掩埋得很深。

嫉妒他人是因为以自我为中心，这里还能体现出一个"我"字，而案例中的主人公则因不嫉妒则完全失去了自我，没有自我价值的存在感，是太过看轻自我的行为。

当然，这个世界上也存在真正不嫉妒的人，只是少之又少，只有思想达到一定的高度，内心温暖而强大，在遇到不公平时，才能够超越嫉妒，淡泊名利。

多子女家庭关于爱的教育

前面两个案例的主人公都出自多子女家庭，她们所受到的不当教育，一直影响到现在，使她们无法正确地认识自己和爱自己。

多子女家庭往往会遇到这样的情况：家里有了第二个孩子后，对小孩子的关注大大超越了第一个孩子，大孩子会觉得父母的注意力不在自己身上了，不再像以前一样爱自己了，很忽略自己。由于受到了忽视，大孩子的心理处于紧张而敏感的状态，同时也会对剥夺爱的"对手"——自己的弟弟或妹妹产生敌对情绪。这种情绪的背后都深藏着一个渴望，那就是需要被爱。这种需要没有得到满足，孩子的性格就会发生扭曲，形成嫉妒。

父母的行为和教养方式，家庭的情感氛围影响着孩子的性格形成。如果像李彤的父母一样，凡事不分青红皂白先训斥大孩子一顿，凡事都要让大孩子做出忍让，这样做只会让大孩子处于悲伤、无奈、紧张、害怕的心理状态，整日生活在一种提心吊胆、痛苦无奈的压抑情绪中。压抑情绪遇到不开心的事情就很容易变成攻击行为。由于攻击行为的出现，又会造成孩子和伙伴之间的紧张，人际关系不和谐、孤独、不合群，这又继而使自卑和焦虑心理加重，最后会形成一个恶性循环。由此看来，给孩子充足的爱和安全感是避免孩子产生嫉妒之火的一个重要条件。

嫉妒上门，如何接待

1. 不予还击

嫉妒心理的本身就是多疑、爱猜忌，因此对待嫉妒最好的办法就是不予还击，否则会换来对方的变本加厉。最好的办法就是将有嫉妒心理的人当作是普通人来看待，也就是所谓的无为而治。

2. 大智若愚

在得到掌声和鲜花的恭维时，不要表现得太过得意，应该谦虚谨慎，内敛一些，这不仅是一种防备被他人嫉妒的策略，也是调整自己心理的办法。

3. 用爱感化

以硬治硬是简单粗暴的做法，往往是两败俱伤的结局，而化百炼钢为绕指柔，才是高招。用真诚的爱心，去感化嫉妒者的嫉妒心理，无声无息中就能把恩怨化解了。

当然，这种忍让是有原则的，用有原则的忍让来抑制他人无原则的斗争，这是化解嫉妒最好的办法，也是根治双向嫉妒和多向嫉妒的关键方法。

4. 善于沟通

嫉妒的产生有时候是因为误会，这时候就要及时地进行沟通交流，否则，误会就会越积越深，最后严重干扰和破坏人际关系。需要注意的是，在沟通交流时，要注意自己的语气，也要做好需要多次才能说服对方的心理准备。

5. 鼓励对方

嫉妒者通常都是因为自身处于劣势，有自卑心理，才对比自己强的人产生嫉妒心理。别看他们表面气势汹汹，其实内心往往很空虚，而且很悲观。因此，要学会鼓励嫉妒者，客观地分析他的长处，扭转他对自己的消极态度，增强他的信心。如果能够为嫉妒者提供一些实质性的帮助，则能够产生更好的效果。

心理能量
20

怨恨
——当爱的渴求与失落无法平复

付出一切皆成空

在他人的眼中，我有一个幸福的家庭，可是我一点也不快乐，因为我的内心被仇恨填满了。

我恨孙琪，她是我的同事。有一段时间我们经常一起搭档工作，渐渐地，关系就有点暧昧，她很主动，即便是知道了我有家庭，也毫不掩饰对我的好感。

孙琪比我的妻子看起来年轻漂亮，我自然禁不住她的诱惑，一来二去便和她发生了越轨的关系。事后我觉得很对不起妻子，但是又无法抑制自己爱上孙琪的心理。为了把孙琪留在身边，我不断地在她身上花钱。每次她都表示不愿意花我的钱，但是每次都会接受。一次，她说哥哥做生意失败，被人追债，在我面前哭得很可怜，于是我背着妻子把家里的存款都给了她。我想，给了她这笔钱，她一定死心塌地地和我在一起。于是，我便决定和妻子离婚，和她结婚。结果没想到她在这个时候提出分手，然后便辞职不见了踪影，我给她打电话，她总是匆匆说几句就挂掉。

本来，我还以为是她不想破坏我的家庭，直到有一天我在商场看见她和另外一个男人亲密地搂在一起。刹那间，我觉得浑身的血液都凝固了，恨不得立刻冲上去揍她一顿。但是妻子在我身边，我不想让她觉察到，只好装作若无其事的样子走开。

因为心里憋着气，从那天起，我就觉得心中有一团怒火在燃烧，脑海中不断出现她被我暴打的场面。但我知道自己不能这样做，为了解心头之恨，我不断地发短信骚扰她，有时候说一些难听的话，有时候故意挑逗她。为此，我还专门办了一张查不到姓名的电话卡，恐吓她。后来又和她说我拍了她的裸照，让她用钱来赎。

看着她被我折磨得痛苦不堪的样子，我却感觉不到一点快乐。我也想过就此算了，可一想到她对我的欺骗，我就无法控制自己继续报复她的心理。

优等生变杀人犯

郑浩出生在一个不大的镇子里，父母在他很小的时候就相继外出打工，郑浩一直由年迈的奶奶抚养。他每年只能见到父母几天的时间，父母在郑浩的脑海里，只是一个身份的象征。

从小到大，郑浩都是十分懂事听话的孩子，在学校一直名列前茅，是老师同学眼中的优等生，直到郑浩上初中后结识了盛晨。盛晨的父亲在镇上经营一家KTV，既有钱又有势。盛晨看不起穿着寒酸的郑浩，经常无故找郑浩的麻烦，把他当作是"软柿子"欺负。有一次，盛晨把郑浩推倒在地上，然后双脚站在郑浩的背上，全然不顾下面的郑浩疼得大叫，还把班里其他男生叫来，并让他们一人踩一脚。其他同学惧怕盛晨家的势力，于是全部照办。

从那以后，班里所有人都看不起郑浩了，因为他被人踩在了脚下都不知道反抗。但在郑浩的心里，他虽然当时没有反抗，但是在心里却埋下了仇恨的种

子。他把对盛晨的恨意都写在了日记里，心想如果有机会，一定不会放过盛晨。

没想到这一天很快来临了。在放学的路上，盛晨又故意找茬欺负郑浩，这一次郑浩立刻奋起反抗，与盛晨扭打在一起，体格弱小的郑浩完全不是盛晨的对手，情急之下，他拿起地上的一块石头，狠狠地朝盛晨的头部砸去，一下、两下……他也记不清自己砸了几下，只记得盛晨不停地求饶，最后没有了声音。这时，郑浩才意识到自己失手打死了盛晨。当时四下无人，郑浩立刻向车站的方向跑去。

十天后，四处躲藏的郑浩被警察逮捕了，此时的他面黄肌瘦，衣衫破烂，和街上的叫花子没有任何分别了。根据法律规定，郑浩被判刑18年。本来可以成为大学生的他，而今却成了阶下囚，就是因为心中不能化解的怨恨。

"以牙还牙"为哪般

怨恨，是因内心极度不满所引起的愤怒情绪，怨气过多就会变成恨。怨恨和喜怒哀乐等情绪一样，是人的正常情绪。当一个人对某件事情感到不满，或是威胁到自己的利益时，内心就会产生怨的心理，从而对造成这件事的人或物产生极端的厌恶，当厌恶积压到一定程度，就变成了恨。

道德的谴责是引发怨恨心理的一个因素，与此同时，人与人之间的比较也是引起怨恨心理的重要因素。

第一个案例中的丁先生，本来与别人发生私情就已经产生了内疚心理，在道德上自己已经开始谴责自己，最后孤注一掷地把存款都给了情人，更是透支了自己的道德感。他本想情人也会对自己如此，可是没想到情人却另有新欢。

丁先生透支的道德感没有得到补偿，因此，才会对情人如此怨恨。丁先生怨恨的潜台词是："我都已经为你那样了，你怎么能对我这样？"

第二个案例中的郑浩则是积累怨气过多而引发的冲动下行凶。物质与爱的双重匮乏让郑洁自卑，因此，才会在受到同学欺负的时候忍气吞声。但是，一旦情绪被积压到一定程度，再加上外力的刺激，便会爆发出更可怕的力量。

怨恨的产生一定要具备两个因素：一是对方的行为不合乎道德；二是自己无法得到的东西，对方也不配得到。

通常，心怀怨恨的人都会存在"以牙还牙"的心理，心理学大师弗洛伊德将人类的本能分为性本能和攻击本能。攻击本能是人类最原始的心理能量，俗称"死本能"，在内心积有怨恨时，人们通过释放攻击能量能获得快感。攻击本能同性本能一样，同样接受道德的约束。

当人们进入社会后，随着年龄的增长，就会通过各种各样的方式释放攻击能量，例如工作、学习和生活中的竞争等。当释放受到阻碍，就会通过替代、合理化、幽默、升华、倾诉等建设性方式释放。

丁先生通过骚扰和恐吓等方式对待背叛自己的情人，郑浩也没有学会通过合理的途径释放攻击能量，加上年轻气盛，自控力弱，最终使攻击能量冲破"自我"压制倾泻而出，以致完全失去了控制，只想致对方于死地，以解心头之恨。

怨恨他人的同时，自己也在受着内心的煎熬，这并不是采取了报复行为就能够解决的事情，因为恨由心生，恨的背后是爱的渴求。如果知道出发点本来是爱，那么，我们是否可以通过其他的方式来获得爱，而不是用"恨"这种伤人伤己的方式呢？

那些内心留存的伤痛

对他人的怨恨，实则来自我们内心原有的伤痛。别人真的伤害了你吗？还是你本来就有那些痛，只是被人刺激了？如果丁先生不是自己先做了违背自己良知的事情，情人的背叛对他能"伤害"得如此之深吗？如果郑浩出生的环境给予了他充足的爱，他能不懂得保护自己而受人欺辱吗？

对别人怨恨，首先需要问问自己的内心：自己有哪些问题？当你能接受全部的自己的时候，对别人的怨恨也就会随之消失。

人生在世，自己的利益受到有意无意地侵害，是很正常的事情。如果体验团体心理沙盘游戏，我们就会有这样的体验：我们做一个行为时，往往出于一种自己的价值观和自认为的好意，我们可能挪动了他人摆放在沙箱里的沙具，可能放置了一个东西在别人认为已经很完美的空间里。这样就会有人产生不舒服的感觉。这个体验正是我们每个人在社会中互动的一个反映：每个人都以自己认为好的方式去互动，但是别人感受到的却是伤害。

因此，我们还有什么理由不宽容别人和自己呢？

生活中有各种各样的人，个性总会有所不同，要想和周围的人和睦相处，就要学会与不同观点、不同性格的人交往，求同存异。

巴斯德的决斗方式

法国化学家和生物学家巴斯德是医学史上首屈一指的重要人物。一天，他正在自己家中的实验室中工作。突然闯进来一个身材魁梧的男人，那个男人一进来就指着巴斯德说："你个混蛋，诱骗我老婆！我要和你决斗。"

巴斯德思来想去，也没有想起自己和哪个有夫之妇有过瓜葛，面对平白无故地被冤枉，一般人早就以武力解决问题了。可是巴斯德却没有这样做，他看着眼前这个男人，健硕而高大。与他决斗，肯定是两败俱伤。于是巴斯德平静地说："我是冤枉的……"没想到那个失去理智的男人根本不听巴斯德的解释，执意要和他决斗，还不停地咒骂着巴斯德。

无奈之下，巴斯德只好说："决斗可以，但是我有权利选择武器。"那个男人同意了。接着，巴斯德指着自己面前的两只烧杯说："这两只烧杯，一杯里面是天花病毒，一只里面是清水。我们各选一杯喝掉，为了显示我的公平，你先选吧！"

那个男人显然没有想到巴斯德会用这样的方式和他决斗，在生死选择的关头，那个男人只好放弃了，识趣地离开了实验室。其实那两个烧杯装的都是清水，巴斯德就是运用以柔克刚法，才遏止住了对方的气焰。

对于一些非原则性的问题，选择战略性退步无疑是一种最好的方式。退让并不代表失败，反而可以让我们从中学到更多的东西。

心理能量 21

依赖

——"安逸愉快"状态的
自我迷失

无法自理的正常女人

老公是自己的"大儿子"

为什么一个人会放弃自我主宰权

依赖是一种托付心理

努力提升自我价值

雯雯的"大阴谋"

无法自理的正常女人

结婚时，母亲把雪莉的手放到王辰的手中，对王辰说："莉莉从小被我们娇惯长大，现在我把她托付给你，希望你能好好照顾她。"说完，母亲还动情地掉泪了。

就这样，雪莉成了王辰的妻子。结婚前几年，王辰一直履行着结婚时的诺言，对雪莉的爱护无微不至，承包了家中大大小小的家务不说，还让雪莉安心地做一个全职太太，他一个人负责家中的所有开支。有时候，王辰要出差，就会把两三天的饭菜准备好，然后放在冰箱中，临走时，还要嘱咐雪莉怎么用微波炉，怎么注意安全等。

雪莉觉得自己眼光真的不错，嫁对了人，周围的女人对雪莉也十分羡慕。日子一天天过去，虽然王辰对她依旧很好，但是陪她的时间却越来越少了，总是出差。

一天，雪莉独自一人逛街，却意外地在商场看到了号称出差的老公，怀里还搂着一个身材娇小的女人。

回到家，王辰主动提出了离婚。雪莉表示自己愿意原谅王辰，可以给他一次机会。王辰却拒绝了，并且说离婚是早晚的事，只是他一直不知道怎么开口。完全失去希望的雪莉情绪失控，哭着质问王辰原因。王辰说："我照顾了你十年，十年里我一直把你当小女生看待，心想总有一天你会长大，像其他男人的妻子一样，懂得关心我，照顾我。但我却一直没有等到这一天，直到遇见她，她虽然没有你漂亮，但是却把我照顾得无微不至。在你面前我更像是一个爸爸、一个仆人。而在她面前，我找到了做丈夫、做男人的感觉。"

王辰说完这一席话，便绝尘而去，第二天雪莉就收到了王辰送来的离婚协议书。离婚后雪莉的生活完全陷入了瘫痪，常常让孩子一个人在学校等到天黑，她才想到去接孩子；她不知道做完饭要关煤气，差一点被熏死在家中；她不相信王辰会这样抛弃她，常常半夜打电话给王辰，先是祈求王辰不要离开她，遭到拒绝后，就破口大骂。

亲朋好友认为雪莉只是一时承受不了离婚的打击，没想到一年多过去了，她依旧是老样子：逢人便数落王辰的不是，生活中一点小事情就要请周围的人帮忙，就连刚上小学的孩子，都比雪莉更懂得如何照顾自己。

老公是自己的"大儿子"

"老婆，我的袜子放哪儿了？""你的左手边第二个柜子里。""这里都是你的，哪里有我的？"老婆叮嘱孩子自己穿上鞋子，然后走到柜子旁，只扫了一眼，便从其中找出一双袜子，塞到了老公手中。两分钟不到，同样的语气再次响起，"老婆，我的领带呢？""袜子旁边的抽屉里。""没有啊，我要那条银灰色的。"老婆再次走到柜子旁，利索地找了出来。

这几乎是李婷家每天早晨都会上演的戏码，每当这个时候，李婷就开始怀疑自己是不是生了两个儿子。她想不明白的是，老公2.0的视力，却每次都看不到放在眼底下的东西。是不是每一个男人都这样呢？李婷忍不住向好友询问，得到的答案是肯定的。这一次，李婷彻底相信了，自己果真养了两个"儿子"。

每天早晨忙完小儿子，忙"大儿子"，等把他们都忙完了，李婷才有时间收拾自己，而时间通常都已经变得很紧迫了。渐渐地，李婷开始感到力不从心。更让她气愤的是，有时候老公自己找不到东西，还要怪她乱放东西。事实上，李婷摆放东西很有规律，是老公总也记不住。

每一次老公出差，李婷比老公都忙，衣服、领带、袜子、洗漱用品、可能会吃到的药，甚至连出差要用到的文件，都是李婷帮老公整理好，并且还要提醒他装好机票。然而李婷这样无微不至地照顾，并没有换来丈夫的"感恩戴德"，反而越发依赖李婷，生活中的一切事情，都需要李婷来帮他打点。而李婷作为一个有事业的女性，她既要照顾孩子，又要照顾老人，老公却不能和她一起分担，这让李婷十分苦恼。

为什么一个人会放弃自我主宰权

在日常生活中，有些人对烟、酒、药物等有依赖性，其原因是机体对这些物质产生了依赖性。除此之外，还有一种依赖就是情感上的依赖。在父母与孩子之间、夫妻之间，都会出现这种依赖的心理。而夫妻之间的依赖更为典型，这对我们的情感生活会造成很深远的影响。

第一个案例中雪莉对丈夫的依赖，第二个案例中老公对李婷的依赖，都会给情感生活造成沉重的负担。在情人和夫妻关系中，再现的很多是小孩和父母的模式，人会退回到婴儿般的状态，去爱人那里寻找自己理想父母的爱。

比较和谐的状态是双方有时候当父母，有时候扮演小孩。如果一方总当父母，总是给，他（她）会感到累，会抱怨，就好比只是呼气，会枯竭；如果一方只是做小孩，就好比只是吸，最后会吸干。到了这个境地，亲密关系就不再是爱的关系，彼此感到的是大大的责任。

依赖心理过强的人通常在童年时期受到父母过分照顾或是在过分专制的教育下长大。从雪莉母亲的话中就可以看出，雪莉从小就依赖于父母给的现成的东西，不管遇到什么问题，什么矛盾，父母都会帮助她解决，因此，她在娘家就已经形成了依赖父母的心理。结婚后，母亲的嘱托，使得雪莉把这种心理转嫁到了丈夫身上。

可见，父母对孩子过分的照顾，虽然是父母爱的表现，但是却会在无形中起到负面的效果。尤其是那些对子女过分专制的父母，一味地否定孩子的意志，让他们按照自己的意愿去生活，这会使他们内心对自己不认可，凡事都想要他人帮助自己做决定，导致孩子无法独立思考、独立生活。

当孩子习惯了这种状态后，他们就会"享受其中"，因为任何事情都有别人替自己解决，任何错误都有别人来替自己承担，这样"安逸愉快"的生活，会令他逐渐失去自我奋斗、自主成长的意识，会在依赖中迷失自己。

依赖心理的形成并不是一朝一夕的事情，而是一个长期的过程，是多种因素相互作用的结果，是一种消极的心态，影响着个人独立人格的完善，制约人的自主性、积极性和创造能力。

依赖是一种托付心理

雪莉的母亲在婚礼上把女儿郑重其事地托付给王辰，这是中国婚礼上经常上演的一幕。几千年封建思想的影响，使得中国的女性普遍存在一个想法，即嫁给一个男人，就是把自己的终身托付给了对方。这是封建社会时期女性身份低微的表现。

雪莉就是如此，她把自己的一生都托付给了王辰，认为王辰的责任就是照顾她关爱她。这无形中就给王辰造成了巨大的压力，他一个人承受着两个人的生命。而婚姻本不该如此，他在付出的时候，希望能够得到回报，当雪莉没有回报，而别的女人给了他时，他的情感天平很自然地就倾斜了。

而雪莉因为长期依赖王辰，她没有意识到自己完全忽略了自我成长，一直停在原地踏步。渐渐地，她与王辰之间的距离也就越来越大，最终导致婚姻的破裂。

女性的依赖心理与她们性格温顺、个性柔弱有很大关系，同时，女性的生活往往比较单调，社交范围比较狭窄也是造成她们依赖心理产生的一大原因。当依赖心理产生后，随之而来的就是害怕失去。患有严重依赖症状的女性会显得十分不安，精神常常处在一种紧张的状态中，更甚者还会出现失眠、头晕等焦虑症的症状。

然而，这种托付心态不仅体现在女人身上，在男人身上也存在，只是大多数人没有意识到罢了。男人对女人的托付心态主要体现在生活上，李婷老公在生活上要求李婷对自己的照顾，便是他托付心态的体现。他把自己的饮食起居都交给了妻子打理，一旦妻子不再插手，他便感到生活一团糟。中国大部分家庭都是这样的，男主外女主内，这使很多男人都认为妻子照顾自己的生活是理所应当的，却忽略了自己是一个成年人，不管是在生活上，还是在情感上，都应该有独立自主的一面。

与托付心理相辅相成的就是被托付心理，通常一个依赖性极强的人身后，都站着一个愿让他依赖的人，如王辰和李婷。对一部分男人而言，他们认为女人把自己托付给自己，是天经地义的，这是义不容辞的责任，也是自己作为男人的象征。而事实上，他们多数都无力做到他们所承诺的那些事情。因为人有时候连自己的幸福快乐都不能完全主宰，又怎么能全部承担起别人的幸福快乐呢？

而女人天生就有一种"母性"，会情不自禁地照顾他人。李婷对老公的照顾实则是纵容了老公的依赖心理，老公对她的依赖，很大程度上源于她的放任。

努力提升自我价值

一段幸福和谐的婚姻，不是"我将我的一生托付给你""我将用我的一生来照顾你"，这样的甜言蜜语听起来好听，做起来则是压力山大。而你有能力照顾自己的人生，他也有能力照顾自己的人生，然后你们在一起能够擦出更多的火花，产生独自一人无法体验的幸福和快乐，这样的婚姻才是美满的。

雪莉离婚后的行为是可怜的，也是自己不能早日觉悟的结果。如果她能够早点意识到自己的托付心态，积极地提升自己，王辰就不会抛妻弃子了。

当女性能够坚强起来，不把自己的命运交给他人摆布，放弃那种没有了老公就过不下去的念头时，这样就算即便是失去了谁，自己也能很精彩地生活。

作为父母，在孩子小的时候，就应该培养他们独立自主的能力。不要把孩子当作自己的私有财产，孩子作为家庭中的一个个体，应该得到父母的尊重。只有这样，他们在成年后，才能对自己的生活和前途有选择的权利和自由，从而对自己行为造成的后果勇敢地负责。父母应该在儿女面前充当"军师"，适时地给一些意见和引导，而不是"主宰"，完全代替他们安排他们的人生。

一个从小就被剥夺了主见的人，成年后如何不依赖配偶，不依赖权威？哪里能有自我呢？

雯雯的"大阴谋"

最近雯雯正在酝酿一个大阴谋，即装病。为什么要装病呢？因为最近她意识到老公越来越懒了，回到家就把衣服往沙发上一扔，把鞋子随便一脱，东西掉在地上，哪怕是掉在他的眼前，他都不愿意弯腰捡一下，更不要说做饭洗碗、收拾屋子这些事情了。

通常都是雯雯刚收拾整洁的家，就被老公"折腾"乱了。她也曾对此"抗议"过，她支使一下，老公就动一下，不支就不动。有一次，雯雯连续两天没有收拾屋子，老公也没有觉得不妥，就在乱糟糟的屋子里生活了两天。于是雯雯不得不使出撒手锏，趁着十一长假期间，想帮助老公戒掉对她的依赖心理。

这天早晨，雯雯赖在被窝里不肯起床，老公在旁边饿得直嚷嚷，雯雯只好"强撑"起床，走起路来摇摇晃晃，仿佛随时都可能"晕倒在地"。老公见状感到事情不妙，连忙把雯雯扶上床，关切地问她怎么了。雯雯"气若游丝"地说："我头晕、恶心，一站起来就天旋地转。"老公建议去医院，雯雯立即反对，并以休息一下就好，不想浪费钱为由搪塞了过去。

无奈之下，老公只好自己做饭，却发现家里什么吃的都没有。于是临时出去买，雯雯躲在被窝里偷偷乐，计划初步成功了。没想到十分钟不到，老公就回来了，他竟然没有拿钱就出去买东西。当老公终于手忙脚乱地煮好一锅粥时，雯雯却表示自己吃不下，她说一看到满屋子的狼藉，就没有吃饭的胃口，还做出将要"呕吐"的样子，老公为了让雯雯吃饭，连忙去收拾屋子。

平常不做家务的老公，根本不知道怎样才能让家里看起来更整洁，雯雯一边拖着"虚弱"的身体坐在床上指挥，一边赞赏老公能干。一天过去后，老公躺在床上感慨万千，他没想到做家务也这么累。

第二天，雯雯的"症状"有些减轻，老公便开始松懈下来，企图指挥雯雯帮他做这做那，雯雯听从指挥做了一件事后，"病情"就开始加重了。而这时候，老公公司打来电话要他立刻去公司，老公手忙脚乱地什么也找不到，袜子、领带、公文包，他让雯雯帮他找，雯雯看到此状，一面为老公着急，一面极力克制自己想要帮他的冲动。最终老公还是靠自己准备妥当出门了，除了袜子穿的不是一双外，其余的都没有什么问题。

晚上回家后，老公对雯雯说他因为穿错了袜子，而遭到了同事的嘲笑。不过他也认识到自己平时对雯雯的依赖心理太强了，甚至超过了他的想象。雯雯的一番苦心没有白费，老公终于变得能够"自理"了。

其实，帮助对方戒除依赖，让他自己能够生发出照顾自己的能力，这才是真爱。而一味地将对方的责任扛在自己身上，这其实不是真爱，而是一种"假爱"，自己很累，对方也没有成长。其实，这是害了对方。

在帮助对方戒除依赖的过程中，重要的是要克服内心想管的想法，如果控制不住，则前功尽弃。在戒除依赖的过程中，对方因为惯性，也会感觉到变化带来的不适，这时候更要控制住自己想管的想法。请相信，度过改变期，新的秩序就会产生。

心理能量
22

完美

——虚幻的代名词 OR
乌托邦式的假想

相亲专业户

　　程芳已经29岁了，没有男朋友，周围的人都称她为"相亲专业户"，因为她在短短两年的时间里，相亲了43次，周围的人已经无法再为她提供相亲对象了。她下一步打算把自己放到电视上，放眼全国寻找自己的如意郎君。

　　有人说程芳太挑剔了，而她本人却不这样认为，她觉得婚姻是一辈子的事情，一定要找一个自己百分百认同的人，否则今后的婚姻将无法进行下去。对于这一理论，她有现实为证，那就是她父母的婚姻。在程芳童年的记忆里，父母是在不断地争吵中度过的。那时候，母亲就对程芳说："芳芳啊，以后嫁人一定要嫁一个自己称心如意的，千万不要凑合，就像我和你爸一样，天天吵架。"伴着母亲的泪水，程芳把这句话牢牢地记在了心里。

　　上学期间，程芳一心用在学习上，她认为学生不应该谈恋爱，面对众多的追求者，她都回绝了。后来参加了工作，程芳开始接受异性的追求，但是她发现出现在她身边的男性，都不能完全符合她的标准。

　　例如，与她年龄相差三岁左右的，基本谈不上事业有成，有的甚至还没有找到自己的职业目标，程芳无法接受这样不成熟的男人。但是稍微成熟一点的，就至少比她大五岁，而她要求对方最多比她大三岁，否则会有代沟，影响交流。

好不容易碰到又成熟，年龄也正好的男士，却总有一些小毛病是她无法接受的，比如抖腿、指甲过长、吃饭吧唧嘴等。没有这些小毛病的男人她也遇到过，但是，不是因为对方吸烟喝酒，就是因为不尊老爱幼也被程芳淘汰了。

这样挑来拣去，程芳到了奔三的当口。年龄越大，能够选择的范围却越小了，相同年龄的不是结婚了，就是恋爱了，要不就是离婚的，而她又不能接受姐弟恋和忘年恋。现在程芳最大的愿望就是在这个尴尬的年龄，把自己嫁出去，而且选择标准是一点也不能降低的。

跳槽专业户

杨森新闻系毕业后，在一家报社做记者，年轻气盛的他浑身充满着斗志，他立志要在报社干出一番成绩。但是渐渐他发现，总编总是让他跑一些小道消息，或是一些清官都难断的家务事，这让他像一只斗败的公鸡，觉得自己的才能得不到施展，杨森果断地选择了辞职。

到第二家报社上班后，杨森的干劲儿被总编赏识，他很快成为公司的红人。在完成了几次成功的采访后，杨森发现同事们越来越疏远他了，有的甚至在他背后"放冷箭"，杨森无法忍受这样的人际关系，忍痛放弃了工作。

接着，杨森又换了多次工作，但是每一家报社都有着种种他不能忍受的缺陷，比如有的工资达不到他的标准，有的工作环境不能让他满意。现在待业在家的杨森想不通为什么就没有一家十全十美的报社呢。从小父亲就要求他各方面都要达到最好，自己做到了，却没有想到这个社会处处都充斥着让他无法忍受的事物。

你是哪种类型的完美主义者呢

一个人长大后所表现出来的各种心理现象，往往可以从他的成长过程中找到痕迹。完美主义者也不例外。通常而言，完美主义者的幼年是在严厉的斥责或是惩罚中长大的。完美主义者为了避免招致麻烦，因此强迫自己往好的方向发展，久而久之，就形成了习惯。

在外人看来，这样的孩子懂事听话，但是对孩子心理造成的影响也是深刻的，他们把父母的批评声转移到了内心中，时刻控制着自己的行为。这也致使许多完美主义者比较早熟，他们希望自己能够像父母一样，在家庭中有一定的地位，能够担负成人的责任。

同时，因为完美主义者一直被他人寄予很高的希望，但是又得不到赞赏，所以导致他们已经把受到批评当作一种修炼，从内心对自己严格要求，使自己成为一个完美的人。看似他们的自制能力很强，而事实上，他们剥夺了自己追求真实希望的权利，内心已经形成了巨大的压力，时刻寻找发泄这种情绪的出口。

一个完美主义者，会对很多事物感到不满，他们认为那些事物或多或少都有瑕疵，必须改正。总是找不到男朋友的程芳和总是找不到好工作的杨森，都是典型的完美主义。正是因为自身无法容忍别人的某些瑕疵，才会落得这样的境地。

完美主义是一种人格特质，在他们的性格特质中，具有凡事都追求尽善尽美的倾向。完美主义的性格多表现为固执、刻板、不够灵活、给自己和他人设置很高的标准，并且必须实现不可。

心理学家把完美主义人格分为三种类型:

第一种类型——自我要求型。这种类型的人对自己的要求十分严格,给自己设定的标准通常都是十分高的,没有人压迫他们,他们追求完美的动力完全出自于本人。

第二种类型——要求他人型。这种类型的人是对他人要求严格,为他人定下极高的标准,而且不允许他人出现错误。

第三种类型——被人要求型。这种类型的人要求自己完美是为了满足他人,例如在父母或是恋人眼中,做一个没有缺陷的人,他们总觉得自己被期待,因此无时无刻不在要求自己做一个完美的人。

亲爱的朋友,你趋于哪种类型的完美主义者呢?如果都不是,那就恭喜你了;如果极为趋向于某一种类型,现在,你要认真阅读下面的文字内容了。

内心的批评家

从上述的案例看来,完美主义者都是十分挑剔的,凡事都要达到既定的标准才可以。这是因为在完美主义者的内心里,都是非常严厉的批评家。这位批评家手中拿着戒尺,对他们做的每一件事、每一种想法进行监督。因此,一旦他们没有达到既定的要求,内心就会感到自责。

对一般人而言,只有在犯了严重的错误时,内心才会产生自责感,但对于完美主义者而言,这种自责感是与他们的思维如影相随的,尽管这种感觉来自完美主义者本身,但是更愿意把这种感觉看作是外加于他们的。

完美主义者内心的批评家会对他本人的言行举止做出评价,例如:程芳在相亲时,当她对一个男士有好感时,但只有这位男士身上出现一点小缺陷,程芳内心的批评家就会对她说："这个男人不适合你，你应该选择什么什么样子的。"这种评价让程芳害怕自己做出错误的决定，于是只能选择放弃。事实上，这是程芳自己培养出来的内在的监督体系在自动监督自己。

一般人会认为这对自己太过于苛刻，但是完美主义者却认为这是更高层次的自己，是一种超越一般思想的思想。当批评的声音十分强烈时，完美主义者就会十分憎恶那些不严格律己，又没有表现出自责的人。例如杨森，他无法忍受总编埋没人才，和同事间的钩心斗角。在他看来，任何人心中都有一个批评者，所以人们应该拥有内在的监控能力。然而，当他发现人们并不会刻意约束自己的行为时，他甚至会认为对方是在蓄意地欺骗。

因为有内心批评家的存在，所以完美主义者的精力都集中在应该做和必须做的事情上面，他们的大脑中没有空间去关注所谓的希望和自己想做的事情，在他们看来只有"应该做"和"必须做"的事情，因此，他们总是感到不满。这种不满代表了长期积压的愤怒，也说明了他们并没有忘记自己想做什么，现在只不过是为了内心的批评声，而强迫自己达到既定的目标。

世界上不存在完美

每个人的心中多多少少都会有一些完美主义的倾向，希望无论做什么都能够达到尽善尽美的地步，但是这仅仅是"希望"，并不代表他们会不计一切代价，不分实际情况地去达到，这种完美是能够帮助人们把工作做得更好的积极心理。

当完美的要求已经影响到自己的生活和人际关系时，就不再正常了。因为这样的完美会让人产生心理压力，从而影响自身的健康状况。苏黎世大学的研究人员曾做过这样一个实验：

挑选50名中年男子进行一项测验，首先要求他们用十分钟的时间准备一篇演讲稿，然后面对3个考官进行演说。演说完毕后，再要求他们从2083开始，每隔12个数字就向下数一个数字，直到倒数至0，如果中间出现一次错误，就要重数。

在这个过程中，研究人员负责记录这50个人身体的各项指标，包括唾液中的应激激素皮质醇含量、心律、血压以及肾上腺素和降肾上腺素水平的变化。结果显示，完美主义倾向越严重的人，测试分泌的应激激素越多，这就表明他的心理压力越大。同时，研究人员还发现，完美主义严重者在测试过程中会显露出疲劳、急躁或信心受挫等多种负面情绪。

除此之外，完美主义还是成功的阻碍，心理研究表明，试图达到完美境界的人与他们可能获得成功的机会往往是相反的，一味地追求完美不但不能让他们成功，反而还会带来焦虑、沮丧和压抑的情绪。

在这个世界上，根本不存在真正的完美，如果逼迫自己一定要完美，无疑就是把自己推向痛苦的边缘。

减轻完美主义倾向的四种方法

1. 接受不完美

十全十美的人和物是不存在的，生活也不可能一点瑕疵都没有。很多时候，人都是因为经历了风霜，历尽了挫折才达到成功的巅峰，所以没有必要因为一件事情没有做到完美的程度就自怨自艾，甚至自暴自弃。

2. 接纳真正的自己

正确地认识自己，既不要把自己的能力估计得偏低，也不要把自己的能力估计得偏高。在成长的过程中，要培养起兴趣和爱好，做自己擅长的事情，并接受自己拥有不完美之处。

3. 设定目标

目标要求是短期的合理目标。目标过大，很容易因为无法完成而沮丧，导致自卑心理的产生；也不能过低，否则轻轻松松就可以完成，不利于自己能力的提高。最好是比自己现有的能力高一点，自己付出努力就能够达到的目标。

4. 不苛求他人

金无足赤，人无完人，所以我们没有理由要求他人凡事都做得完美无缺，能够做到对他人的失误和缺陷保持宽容和理解，是对他人的尊重，也是建立友好关系的前提。

心理能量
23

抱怨
——损耗自己和别人的消极能量

怨妇林娇的糟糕生活

在家人和朋友的眼中，林娇是一个不折不扣的怨妇，似乎生活中的任何事情都不能让她满意，而她越是这样认为，她的生活就越糟糕。

先从丈夫说起吧。林娇认为丈夫没有上进心，这么多年过去了，依然是一个小科员，每天回来就钻进厨房，厨艺是越来越好，但是钱包却依然那么扁。更让她生气的是，丈夫似乎没有脾气，每当她喋喋不休地抱怨丈夫没出息、没有上进心时，丈夫总是嘻嘻哈哈地糊弄过去，直到她完全没有了脾气。

一次，林娇因为在公司受了委屈，回家看到丈夫又在厨房忙碌，便气不打一处来，如果丈夫能有点出息，自己也不用出去受别人的气。想到这里，林娇又开始抱怨起来。这一次，丈夫忍不住为自己辩解了几句，林娇立刻觉得丈夫不但没有出息，还不懂得体贴她，于是又哭又闹，转身离开了家，回到了娘家。坐在自己亲妈的身边，林娇从头到尾把自己对丈夫的不满说了出来，老人听罢，说道："既然这样不满，干脆离婚算了。"

听到此话的林娇立刻住嘴了。然而没过半个小时，她又开始了无休止地抱怨，只不过这一回抱怨的对象成了自己的儿子。林娇给儿子报了钢琴班，但是儿子却学得不用心，钱花了不少，却什么都没学会。在学校也不认真听讲，就知道捣乱，捉弄老师，欺负同学，回回都考倒数。不管怎么骂、怎么打就是不见起色。对学习如此不上心，却爱管闲事，总是喜欢替别人打抱不平。简直是让她操碎了心，不知道自己怎么生出这样一个冤家来。末了，林娇说累了，母亲插进话来："这么不省心，生下来时就应该掐死他，不过现在送人也不晚。"

母亲的话让林娇顿时不知该说什么，她只好离开娘家，打电话给自己最好的朋友。在电话里她刚准备向好友抱怨自己的丈夫，好友就以正在忙为借口挂掉了。回到家，老公还在生气，不和她说话，儿子看见她就躲进了屋子，林娇想不明白怎么大家都躲着她。

一味抱怨，让李强丢了工作

早晨到了公司，上司就交给李强一份数据，让他分析出结果。李强不情愿地接过来，心里厌烦到了极点，他不知道这份工作自己还能忍耐多久，每天就是和一堆数据打交道，枯燥得不得了。

他一边做着数据分析，一边用MSN和朋友抱怨："上司太不人道了，我手头上的工作还没完成呢，一大早又交给我这么枯燥的工作，真是累死人不偿命啊。""你是不知道我们公司，待遇低福利差，工作量大也就算了，连年假都没有。""我们的同事一个比一个矫情。"朋友劝他多做一点，就能多学一点，他却说："我只拿了那些薪水，为什么要多做？"

就这样，他一边抱怨一边工作，终于等到了下班，上司却临时通知他们要开会，本想回去看球赛的李强一看球赛要泡汤了，忍不住嘟囔一句："天天开会，有什么好开的。"结果这句话正巧被上司听到，上司转过头来对他说："如果你不想开，可以现在就走。"李强知道自己现在走掉工作也就没有了，但又不想在同事面前丢掉面子，于是转头离开了。

第二天，李强一到公司，就接到了人事部的通知，他已经被公司正式开除了。

抱怨的"投射效应"

抱怨，是当心中感到不满时，对他人的指责，有时候也针对引起自己不满的事件。就其本质而言，抱怨是不满的表现，是一种发泄，是日常生活中最常见的一种情绪体现。抱怨也可以看成是对生活的不接受，消极地面对生活的一种态度。

适度的抱怨可以使消极的情绪得以发泄，达到缓解内心压力的目的。当抱怨成了一种习惯，遇到任何人任何事都想抱怨，就会使人的情绪变得糟糕，人际关系变得紧张，在工作中敷衍了事，严重阻碍自身的发展。

抱怨，带给别人的是强烈的负面感受，因为会消耗自己的能量，因此，人们往往都避之不及。林娇和李强不受周围人的待见，就是源于他们强烈的负面情绪。

从表面上看，我们在抱怨他人时，一定是他人引起了自己的不满，过错在对方身上。事实上真的是这样吗？从心理学角度分析，我们在抱怨他人时，实际上指向的是我们自己，这就是"投射效应"。

投射效应，是指将自己的特点归因到其他人身上的倾向。是以己度人，认为自己具有某种特性，他人也一定会有与自己相同的特性，把自己的感情、意志、特性投射到他人身上并强加于人的一种认知障碍。例如，林娇认为自己有上进心，那么所有的人都应该有上进心，所以她无法忍受丈夫没有上进心。

投射效应让我们在看待他人时容易失真，总是倾向于按照自己是什么样的人来认识他人，而不是根据他人的实际情况来判断，因此，很容易造成错误的判断。

投射效应是一种严重的认知心理偏差，通常分为两种表现形式：一种是感情投射，另一种是认知缺乏客观性。

感情投射就是认为他人与自己有一定的相似性，用自己既定的条框去要求他人的言行特性，按照自己的思维方式去理解对方。当对方达不到自己的要求，或是不能认同自己的观点时，就会产生抱怨。

认知缺乏客观性是指对自己喜欢的事物就认为是没有任何缺点的，而对自己不喜欢的事物就认为是没有任何优点的。因此，对自己喜欢的事物总是过分地表扬和追捧，而对于自己不喜欢的东西就一味地贬低。这种把自己的情感投射到人或物上，以自己的心理倾向进行美化或是丑化，会使人在社会活动中失去认知的客观性，导致自己过于主观，带有偏见。

怨妇心理分析

谈恋爱时是相看两不厌，结婚几年后，再看对方，当初的优点也变成了缺点，这一点在女性身上的体现尤为明显。心理学家指出，女性比男性更容易抱怨，这和中国几千年来的传统文化有一定的关系。我国的传统家庭就是男主外，女主内，基本上所有的女性在结婚后就失去了自己原有的生活圈子，把全部的精力都放在了家庭、丈夫、孩子身上，甚至有时候会忽略了自己。

于是，她们便把自己的希望寄托在丈夫和孩子身上。例如，自己没有过多的精力放在工作上，就希望丈夫能够事业有成；自己因为忙于家庭而无暇顾及爱好，就希望孩子能够培养起自己的爱好和特长。但这毕竟不是丈夫和孩子自己的意愿所在，因此，这样没有根基的愿望就难以实现，于是女性便感到失落、委屈，觉得自己的付出没有得到回报，抱怨也就因此产生。

事实上，女性往往高估了自己的水平或付出。不可否认，也许她们做得不错，但是不见得他人就没有付出。例如，林娇的丈夫虽然在事业上没有达到她的要求，但是却经常帮她分担家务，这是许多女性十分渴望的事情。

两个人在组建一个家庭之前，分别来自于不同的家庭，受着不同的家庭教育，有着不同的成长经历，因此，两个人肯定会有很多不同。如果企图改变对方，那势必会尝到失败的滋味。

有专家曾对职场人士的抱怨做过一项统计，结果显示，每天抱怨次数在1～3次的人超过被统计人数的87.7%；每天抱怨次数在20次以上的，占被统计人数的4.8%以上。这其中，抱怨与工作相关的内容达到了85.5%的比例，排在第二位的是感情方面，占59.8%的比例。

可见，对工作有抱怨已经是十分普遍的问题。难道真的是工作这样不堪吗？当然不是，真正的原因还是在员工本身，有人曾一针见血地指出：“抱怨是失败的借口，是推卸责任的理由。”职场中很多人因为自己无法完成工作任务，却抱怨公司压力大，上司不知道体恤员工，他们的抱怨，恰恰体现了他们能力不及他人，又爱推卸责任的缺点。因此，他们在公司中屡屡得不到晋升，有的还会因此而丢掉了工作。

先让自己成为金子

一个人整天想做官，却总也没有机会，为此他愁得吃不香睡不好，不断抱怨官场如何黑暗。后来，他听说在深山中住着一位无所不能的智者，于是他跋山涉水找到了智者，希望智者能够帮助他。

智者在听完他的叙述后，从地上捡起一枚石子，用力地扔进了石头堆里，然后对他说："把我刚刚扔出去的石头找回来。"此人在石头堆里转了一圈又一圈，却不知道到底哪一枚石子才是智者扔出来的，只好沮丧地回到智者身边。

接着，智者从口袋中拿出一小块金子，用力扔到了刚才的石头堆里，然后再次让他找出来。这一次，此人轻而易举地就将金子找了出来，交给了智者。智者接过金子，什么话也没说就走掉了。

这个人一边走，一边想智者的意图，终于明白了智者的意思：只要是金子，到哪里都发光。现在的自己不过是一枚石子，根本没有资格去怪罪环境。

抱怨在职场中是十分常见的现象，那么我们怎么改正职场中的抱怨呢？

首先，根据抱怨的不同类型，采用不同的方法。职场中的抱怨不是一成不变的。有的是不管遇到什么工作，第一反应就是抱怨；有的则是偶尔引发的不满，导致抱怨情绪的产生；有的则是因为受到了委屈，才会抱怨……选用不同的方式解决不同的抱怨，才能做到对症下药。需要注意的是第一种，一旦意识到自己属于这种抱怨，就要及时地进行改正了。

其次，抱怨在一定程度上能够体现出公司在管理制度上的缺陷，所以不要不分情况地对抱怨加以制止。有些抱怨是合理的，可以帮助公司不断完善

体制。

再次，对于因为同事矛盾而引起的抱怨，要及时树立自己的团队精神，宽容待人，及时化解矛盾。

最后，不要用抱怨为自己找借口，推卸责任，职场的竞争越是激烈，我们就越要提高自己的能力，与其花费时间抱怨工作，不如努力改变自己。

消除抱怨的九个意识转化

1. 大多数抱怨都是因为内心的索取得不到满足，但是，真正的付出是不计回报的，如果你爱别人，只要真诚地给予就好了。明白了这一点，就能够在很大程度上扼杀抱怨的念头。

2. 有时候，抱怨只是表达了一时的不满，并不是自己真正的想法。所以，在抱怨之前，最好反复确认抱怨的目的。如果抱怨的目的并不是你想要的，那么就选择闭嘴，否则你将承担一个你本不想要的结果。例如像林娇那样的女人天天嚷嚷离婚，有一天老公真的要和她离婚了，她反而不能接受。

3. 抱怨的产生，很大程度上是因为对事物的评价太过于表面化、情绪化，而缺乏客观、冷静的分析，导致错误评价的产生。正确的抱怨能够让我们得到想要的结果，但是，错误的抱怨会让我们得到与期望的背道而驰的结果。因此，在选择抱怨对象的时候，不要选择自己不能改变的，或是不需要改变的事情，否则就是自讨苦吃。

4. 找出问题的症结所在，改进自己。一旦有抱怨的心态出现，别急着满口牢骚，不妨先让自己冷静一下，回顾整件事发生的过程，反身自省，找到症结和问题所在。如果发现是自己犯懒，工作不够积极，就要注意查找自身的不足，改变工作态度，改进工作方法。

5. 很多人把抱怨的产生归结于外界的诱因，却极少分析自身的个性、心理弱点等导致烦恼的内因。只有改掉这种过于依赖他人的思想，从改变自己做起，才能改善抱怨情绪。

6. 当自己想抱怨的时候，尝试把嘴闭住，纵容抱怨习惯的滋生，只会使抱怨成为心理疾病。生活中发生不如意的事情也是很正常的，对此，我们应该采取积极的心态，在困难面前看清自己有所缺陷的地方，而不是在抱怨中忽略自己的成长。

7. 站在他人的立场上考虑问题，体谅对方，不要以一个无知的旁观者的姿态去指责、抱怨对方。站在"理解万岁"的基础上，消除内心的抱怨。

8. 还可以通过自我劝慰、自我开导、自我调适等方式克服抱怨，例如，把让自己抱怨的事情列在一张纸上，然后在后面写出自己的抱怨，再对照着纸上的内容，对整件事情的每一个细节进行回忆。一边回忆，一边分析抱怨是否真的能够帮助自己解决这些问题。做完这一切后，将纸撕掉，再重新写一遍，直到感到自己的情绪不再激烈，这时候也就意识到抱怨解决不了任何问题了。

9. 掌握正确的抱怨方法。抱怨有一定的积极意义，但是怎么把抱怨表达得恰到好处，就是一门艺术了。说出抱怨可以揭示出潜在的愤怒感，当我们感到愤怒的时候，承认它是非常重要的。通过向别人承认这种感受，我们便能成为情绪的主人。同样，我们也需要承认自己的伤痛、恐惧以及潜在的期望，但是我们无需将愤怒发泄到其他人身上。例如："老公，当我看到你与网友一聊就是好几个小时的时候，我感觉非常失落。我希望能与你有更多共处的时间。"通过分享内在的焦虑和担心，我们就会从别人那里获得更加直率、坦诚和支持性的反馈。

心理能量
24

倦怠
——无处找寻的生命活水之源

宁愿生病也不上班的人

金路是一家外贸公司的财务部经理，一直以来对工作认真负责，上司经常表扬他。在家里，妻子体贴温顺，孩子听话懂事，父母身体健康。金路的生活可谓是幸福美满了，但是背地里他却常常失眠、难受，有时候甚至会一整晚都睡不着。公司里下属偶尔犯的一点点小错误，都能让他烦躁不已。

金路明白是自己心理压力太大了，这段时间他反复地想，自己做了十多年差不多同样的工作，却感觉不到进步，要转行又不舍得放弃积累多年的资本。再加上金路性格比较内向，平时甚少和朋友交流，又不愿意把这些告诉家人，所以身边连个说知心话的人都没有。因此，也没有人能够帮他指点迷津。结果自己越来越烦恼，对职业生涯的感觉更加迷茫。

一天早晨醒来，金路意识到又要上班了，一种说不出的烦躁立刻涌上心头，"老天啊，你让我生病吧。"金路在心里默默地念叨，这样就可以名正言顺地不去上班了。

"七年之痒"来了

几年前,贾磊和妻子坐在电影院中看《爱情呼叫转移》的时候,他还觉得自己和妻子之间永远不会有"七年之痒"。然而没想到在几年之后,贾磊却体会到了电影中徐朗离婚时的心情。

虽然贾磊的妻子不会像徐朗的老婆一样七年如一日地做炸酱面、穿同样的衣服,但是他感觉妻子越来越乏味。刚结婚时,妻子还会在和贾磊出门时,化个淡妆,搭配上讲究的衣装。但自从生育完身材有些发胖后,妻子就越来越不注重衣着了。虽然对衣服的品位丝毫没变,却不再像以前一样重视搭配。再贵重的衣服穿在妻子身上,贾磊怎么看都是路边摊的效果。发型也不再像以前一样定期做保养和护理,总是随便扎起来,也不管看上去是否凌乱不堪。

贾磊总是回忆起妻子当年的风采,走在校园里时,会有男生因为看她看得出神而撞了树。贾磊知道妻子对他也很有意见,总是抱怨他不再像以前那样体贴等,因此总是用冷淡的态度对待贾磊。如此这般,贾磊便经常混迹于娱乐场所,和一些异性的关系更是与日俱增。贾磊对此也有一丝愧疚,但这似乎是排解婚姻失望的唯一方法了。

有时贾磊会想,如果选择离婚会是什么样的情景,想必妻子也想结束这段乏味的婚姻。但是看到正在蹒跚学步的孩子,贾磊又觉得还是有继续维持婚姻的必要。

职业枯竭症

职业枯竭这个词进入人们的视线，源于1961年一本名为《一个枯竭的案例》的小说，此书在美国引起了强烈的反响，书中讲述了一个建筑师因为工作极度疲劳，丧失了理想和热情，逃往非洲原始森林。1974年，美国精神分析学家Freuden Berger首次将它使用在心理健康领域，用来指工作者由于工作的巨大压力、持续的情感付出而身心耗竭的状态。

职业枯竭涵盖的人群很广，不管是刚刚步入职场的年轻人，还是已经在职场多年的资深人士，不管是企业的高管，还是基层的员工，都有可能对目前所从事的职业失去兴趣，对职业生涯感觉迷惘，导致出现才思枯竭的情况，这就是心理学中的"职业枯竭症"。

这是一种由工作引发的心理枯竭现象，是职场人士在工作重压之下所体验到的身心俱疲、能量被耗尽的感觉。其主要的表现是，对工作缺乏热情、工作态度差、工作效率不高。职业枯竭症不但会影响自己在工作中取得的成就，还会影响人们的身心健康，因此决不能忽视职业枯竭症。

与男性相比，女性更容易患上职业枯竭症，因为女性比男性的工作压力更大。尤其是女性职业经理人，工作之外，她们同时还担负着感情、家庭的压力，是工作生活压力较大的一群人，因此她们的职业枯竭症的反应更大，也更严重。

职业枯竭症的特征都有哪些呢？

首先是生理枯竭。感觉自己的身体被耗尽了，无法精力充沛地工作，疲劳感严重，身体虚弱，经常生病。

第二是才智枯竭。就第一个案例中的金路一样，总是感到空虚，有一种被掏空的感觉，认为自己的知识已经没有办法满足当今的工作需求。

第三是情绪衰竭。对待工作的热情完全消失，易怒、情绪烦躁等，对待同事态度冷漠、麻木，甚至没有人情味儿。

第四是价值衰落，即个人的成就感下降，自我评价也在降低，觉得自己做什么工作都做不好。工作效率低，容易出错，致使自己失去工作积极性，并形成恶性循环。

第五，直接表现为在人际交往中，持消极、否定、猜忌和不信任的态度，导致同事和家人的疏离。

最后是会产生攻击行为。一方面是增加攻击别人的机会，例如，经常呵斥下属、与客户摩擦增多；另一方面是攻击自己，甚至出现自残行为等，严重者甚至会选择自杀。

婚姻倦怠期

在现实生活中，"七年之痒"对于很多家庭而言，都像是一个不幸的诅咒，是一个难以跨越的坎。结婚时间长了，新鲜感丧失。从充满浪漫的恋爱到实实在在的婚姻，在平淡的朝夕相处中，彼此太熟悉了，让彼此从恋人的光环效应中清醒过来，意识到对方的真实存在。恋爱时掩饰的缺点或双方在理念上的不同此时都已经充分地暴露出来，他（她）原来是这样一个人！时间的流逝矫正了过去的判断，让我们看到了真相，有了遗憾，于是，情感的"疲惫"或厌倦使婚姻进入了"瓶颈"，开始"痒"了。

大家普遍认为"七年之痒"是到婚恋第七年才产生的问题，事实上，很多

问题早就产生了，但双方都在忍受，想给对方也给自己留点机会。然而，到了第七年，就再也不愿意忍受了，也有很多婚姻不到七年就走到了尽头。

当婚姻进入瓶颈期，人们有两个选择：一个是一边幻想，一边和真实的对方交往；如果继续维持幻想，那么这个亲密关系就只有瓦解，然后换一个人，继续幻想下去，这是很多婚姻破裂的根本问题。但如果能够爱上眼前这个卸去了"光环"的人，那就说明你们的爱情是真的。

有人说，婚姻有三重境界。第一重境界是和一个自己所爱的人结婚。第二重境界是和一个自己所爱的人及他（她）的习惯结婚。第三重境界是和一个自己所爱的人及他（她）的习惯，还有他（她）的背景结婚。仔细思考一下这种说法，其实很有道理，当夫妻两人的婚姻进入第三重境界，其中一方把对另一方的爱扩展到他（她）的父母和亲友中，也就意味着他们明白了婚姻中的最深的意义：你的另一半不单单属于你，他（她）还属于他（她）的父母和朋友，甚至还属于他（她）自己。

摆脱职业枯竭症困扰的七个改进方式

1. 泻补共进

十几年如一日地做同一种工作，积累到一定程度后，就很容易遭遇职业枯竭症。没有新的灵感，没有新的东西补充，自然会产生自己没有进步的想法，这就是所谓的"瓶颈"。做任何事情都可能遇到瓶颈期，只要能够将此时的心理压力释放出来，就能够重整旗鼓，重新找到自己前进的方向。

2. 以不变应万变

当在工作中遇到一些无法解决的难题时，就会觉得自己很失败，一点小问题都解决不了。但是当这个问题得到解决后，又会觉得一切都变美好了，自己也没有想象中那么差，对工作再次充满了希望和激情。可见，职业枯竭是间歇性的，所以当我们感到迷茫时，不妨静观其变，这不失为应对职业枯竭症的好办法。

3. 寻找支持

随着女性的独立，婚姻中崇尚独立的夫妇也越来越多，这是社会的进步，但同时也衍生出一个问题，就是双方各自面临"职业枯竭感"的可能性变大了。有些人在职场中的位置越高，就越容易把所有的压力都扛在自己身上。事实上，位置越高"压力越大"越应该从伴侣那里寻求支持。如果伴侣一方的能力较强，就可以先放下工作，给自己一段时间充电，同时也能放松一下身心，之后再寻找工作的方向。

4. 树立正确的工作信念

职场中把能干的女性称作"白骨精"，很多职场女强人经常用外面的价值观来判断自己，把自己的工作更多地看作是为了家庭，为了别人，这样势必会造成很大的心理压力。应该认清自己的价值所在，必要时需要重新定位自己，重新制定职业规划。

5. 参与慈善活动

做好事能够让人身心愉悦，同时也是减压的好办法。因此，在休假期间，可以找寻一些富于挑战性的新鲜事情来做，例如，成为聋哑学校的短期辅导员，或成为社会福利院的义工。在那样的环境中，很容易萌生"生活其实很美好"的念头，会让人觉得任何困难都是可以克服的。

6. 改变生活方式

大多数患有职业枯竭症人群的生活都是两点一线，即公司——家庭。如果换一种生活方式，就可以很好地治疗职业枯竭症，在面对职业枯竭时，可以转移自己的注意力，在条件许可的情况下，可以去旅游，或者休息，或者去做另

一份自己喜欢做的工作，一切从头开始，就会发现自己的内心不知在何时已经放晴了。

7. 求助心理医生

如果通过自己的努力实在无法摆脱职业枯竭的烦恼，这时可以求助于专业的心理医生。心理医生会帮你发现问题的症结在哪里，或许你就能够多一些坚持下去的勇气了。

解痒 "七年之痒"

1. 改变对方，不如改变自己

当婚姻进入瓶颈期，婚姻双方经常做的事情就是不停地抱怨对方、挑剔对方，并且试图改变对方，而这是最伤害婚姻感情的行为。

与其拿着自己制作的尺子去衡量对方，不如先衡量一下自己，你能带给对方什么，你又为对方做过什么。在婚姻中不是一定要重大的付出才能显示出对方的重要性，有时候往往只是一句鼓励的话、一杯温水，甚至是主动献上一个吻，都能让对方体会到你的爱。

2. 尊重对方，保留自己的私人空间

很多婚姻都是因为一方的束缚、一方的挣扎而走向灭亡。在婚姻中非常重要的就是相互尊重，不要把对方的全部都占为己有。

要尊重对方的隐私，首先就要给自己保留私人空间。有的人在结婚以后就丢掉了自己婚前的交际圈，一颗心都放在了自己的家庭中，这样势必会让自己陷入死角。与其这样，不如保持正常的朋友圈子，不要让婚姻成为自己唯一的精神寄托。而且，在不同的人际交往中更有利于提升自己，调整自己，从而能

够应对婚姻中出现的种种问题。

3. 结交异性朋友要慎重

很多人到了"七年之痒"时，往往都会不由自主地向往"围城"外的生活，有的人只是想想，而有的人则会受不了诱惑而做出背叛伴侣的事情。

这就需要每个人在结交异性朋友的时候保持在一定的尺度内，不要超过这个尺度，否则很容易在婚姻出现危机的时候迷失自己。尤其是对那些本身就对自己存有好感的异性，要理智地处理感情纠葛，这是对婚姻最起码的忠诚。

4. 离婚可能也是理智选择

如果婚姻中的双方都认为婚姻没有存在的必要，那么选择离婚未尝不是一个明智的选择。就像前面说的，有的人根本不知道什么样的伴侣才是适合自己的，这样就很可能选择了一个不适合自己的伴侣。两个人相处时间越长，越发现两个人不合适，而且也无法磨合，这样的婚姻勉强撑下去只能带给双方更多的苦恼。

离婚并不是一件可怕的事情，可怕的是有些人在离婚以后还不知道是什么原因导致自己婚姻的失败，在下一次的婚姻中还会继续自己之前犯过的错误。因此，如果选择离婚，最重要的事情就是在这次失败的婚姻中汲取教训。

心理能量 25

焦虑
——照见深藏的不安和恐惧

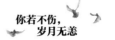
考证一族

王娟在大学毕业后顺利地进入了一家大型公司做投资顾问，原本是本科毕业的她学历并不低，但是在知识更新换代如此快的今天，她渐渐感到自己在学校学的知识有些不够用了。有时候，许多客户向她做咨询的内容，都是她从未涉及过的领域，为了能够抓住客户，她先把单子接下来，然后再恶补这方面的知识。

为了能够让自己跟上社会发展的脚步，她考了研究生，为了让自己在每个领域都很专业，她又先后考取了注册会计师、审计师，还有律师资格证，尽管拥有了众多的证书，她仍然感到自己的知识很匮乏，仍然需要不断地学习。

最近，她又参加了一个心理咨询师的培训，打算考取心理咨询师的证书，为的是能够更加准确地掌握客户的心理。然而在不断的心灵探索中，她发现自己一直在追求更高的学历、更高的技能，但是得到这些的同时，她却不开心。因为她的孩子两岁了，见了她就像是见了陌生人，她和老公之间的关系，还未到七年之痒，就已经平淡如水。还有父母，自己都忘记了有多久没有回去看过他们。

想到这些，王娟想要放弃，她不想因为工作而失去更重要的情感，但与此同时，她又有着深深的顾虑，自己身边的人很多都在考取证书，如果自己不考，可能渐渐被这个快速发展的社会所淘汰，那么自己苦心经营了这么多年的事业就要就此荒废了。

敏感的母爱

安宁35岁时才做妈妈，算是高龄产妇了，之前一次意外流产，让安宁对来之不易的孩子格外重视。

她和丈夫都在外企工作，薪水很高，但是工作很忙，为了照顾孩子，安宁做了全职妈妈，每天的工作就是上网查询怎样做一个合格的妈妈。起初她选择的是美国的奶粉，后来在论坛上看到有的妈妈选择另一个牌子的奶粉，那个价格要贵很多，但是为了孩子好，她毫不犹豫地选用那个品牌，似乎只有这样才对得起孩子。

随着孩子慢慢长大，安宁发现需要操心的事情太多了，她不敢让孩子离开她的视线，生怕一个不小心孩子就磕着了碰着了。孩子三岁时，安宁就给孩子报了轮滑班、绘画班，还有小提琴班，每天亲自带着孩子去上课。尽管她也想给孩子一个无忧无虑的童年，但是看到别的孩子都在学，她怕自己的孩子长大以后不如其他孩子，这样就是自己耽误了孩子的前程。

每天晚上睡觉前，安宁都会和孩子聊天，听孩子说一些在幼儿园发生的事情。如果哪一天孩子比较沉默，安宁就会睡不好，担心孩子是不是在幼儿园受了气，担心孩子不能与人正常交往，导致自己性格孤僻、心智不健全。诸如此类的问题能够让她多日寝食难安。

如果孩子生病，安宁则感觉像天塌了一样，唯恐医院的检查不够仔细，或者出现误诊，耽误了孩子的最佳治疗时间。为了让孩子有健康的身体，安宁特地参加烹饪班，学习怎样做美味又健康的食物，但是孩子的胃口却不怎么好，吃得很少，这也让安宁担忧不已，担心孩子营养匮乏，达不到长身体所需要的各种营养。

安宁的朋友觉得她太过于关注孩子，劝她适当地放手，但是安宁却不同意朋友的观点，她认为她把孩子带到这个世界上来，就有责任给孩子自己能够做到的最好的生活和最好的教育。

知识焦虑症

焦虑，是指缺乏明显客观原因的内心不安或无根据的恐惧。预期即将面临不良处境的一种紧张情绪，主要表现为持续性精神紧张，如紧张、担忧、不安全感。或发作性惊恐状态，如运动性不安、小动作增多、坐卧不宁、激动哭泣等，常伴有自主神经功能失调等表现。

两个案例中所呈现的"知识焦虑"和"育儿焦虑"是当代社会很典型的焦虑表现，这与我们现在所处的社会现状有着直接的关系。

如今职场的竞争压力很大，再加上知识更新的速度加快，致使许多职场人士都产生了不进则退的焦虑感。这种焦虑感在淘汰率高的企业的人员中尤为普遍，例如记者、广告从业人员、信息员、IT工作者等，都是焦虑症的高发人群。

那么，什么是焦虑症呢？焦虑症又称焦虑综合征，是一种常见的精神病学疾病。社会发展迅速，人们为了跟上社会发展的脚步，不停地吸收知识和对自己有用的信息。在大量的知识面前，人类的思维模式远没有达到接受自如的阶段，因此便造成一系列的自我强迫和紧张，知识成为职场人士焦虑的来源。

知识焦虑症是时代的产物，是焦虑症的异化形式。因为环境的瞬息万变，许多人对未来都无法确定，甚至充满恐惧，这势必会造成心理紧张、急躁，严重者甚至会引起一系列的生理反应。如果这种情况不能得到缓解，会给自己的身体和心理造成巨大的压力。

像第一个案例中的王娟这类的"考证一族"是当今社会中存在的相当庞大的一组人群，有的是刚刚进入职场的，有的是身居职场多年的，考证的目的有的是为了换一个更好的工作，有的则是迫于职业竞争，多拿一些证书，为自己增加竞争的筹码。

焦虑是很普遍的一种情绪，知识焦虑如果运用得当，是能够为自己带来发展的动力。但是一旦焦虑的程度上升，就会引起身体不适，自主神经系统反应性过强等症状，严重者还会影响正常的生活和工作。

育儿焦虑症

20世纪中期开始，美国心理学家们就开始研究育儿心理学了。育儿方面的临床医学家戴维·安德雷格曾说："现在医学十分发达，孩子的死亡率已经大大降低，但是那些年轻父母们的焦虑却有增无减。"第二个案例中安宁的心理代表了很大一部分初为人父人母的年轻人心理，因为没有育儿经验，因此对待孩子的问题时，总是谨小慎微，这种心理在高龄产妇的人群中更为常见。

现在子女的数量少了，生活环境好了，再加上食品安全问题层出不穷，使得家长们经不起一点健康、安全方面的风险。家长们不断充实自己的育儿理

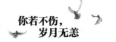

论，与其他家长交流育儿经验。而这种过分的焦虑，扰乱了既有的常识。例如：选择什么材质的奶瓶？什么样的奶嘴？孩子应该是怎样的睡觉姿势？这一切都能够让新手父母焦头烂额。

在中国，这种焦虑则更加明显，尤其是三代同堂的家庭中，四个甚至是六个成人围着一个孩子转，尤其是在一些生活成本比较高的城市，大部分老人都肩负着照顾孩子的责任，虽然能够增进两代人的感情，但是同时也积累了两代人的焦虑。

育儿焦虑症的源头是父母对孩子的爱，尤其是随着生活水平的提高，市场专业分工细化，针对儿童的市场发展越来越迅速，产品也越来越多样化，培养一个完美的孩子成了每一个家长的心愿。越是那些受教育程度高的父母，越是重视这一点，因为他们有足够的能力为孩子提供尽可能优质的条件。

但是面对现在名目繁多的育儿市场，家长们面临着很困难的抉择，这也是他们产生焦虑症的原因。还有一部分原因是家长自身经历了父母望子成龙的阶段，当他们面对自己的孩子时，就不想让自己的孩子重蹈覆辙，于是，他们比较重视培养孩子的兴趣爱好，有时为孩子"是否感到快乐"而备感焦虑。

在知识的风潮中保持自知力

患有知识焦虑症的人群，大多数学习都很盲目，看到别人学什么，自己就跟着学什么，可是自己真的需要这些知识吗？他们却没有认真地考虑过。就像是走在大街上，看见大家都在疯抢一件商品，自己也买回家，但是对自己而言却是毫无用途的。

这种行为是一个人并未从自己的实际需要出发，是一种在不了解自己的基础上对别人的盲从，是一种思维定式。为了避免产生这样的行为，我们应该始终保持自知力，即要了解自己的兴趣、特长、能力，并且对自己的职业有中长期的规划，然后按部就班地去实现。现在，各种各样的培训都在不遗余力地做广告，我们要尽量去选择对自己有真正的信息，学习吸收，而不是听风就是雨，别人说有用，自己便觉得有用，最终导致学习了很多没用的知识，还浪费了时间和精力。

克服知识焦虑并不难，首先要学会放松自己，每天接触各种信息不超过两种；对每天的工作做出事先的安排，尽量减少意外情况的发生；每天坚持锻炼身体至少15分钟；有规律地生活，娱乐活动不得过多，戒掉一切不良的习惯。

一切都贵在坚持，只要能够在这种状态下生活，就能够从混乱中理清头绪，降低对未来的恐惧。

放手去爱

萧晨的儿子上六年级了，因为工作关系，萧晨无法再亲自接送孩子，孩子一个人乘坐公交车上下学。每天只要孩子放学后没有按时回家，萧晨便坐立不安，总感觉心口有东西堵着，呼吸都有些不顺。

一天，萧晨在公司加班，五点钟左右，她打电话到家中，却没有人接听，五分钟后她再次打过去，仍然没有人接听。儿子还没有回家吗？是不是路上出什么事情了？萧晨越想越心急，站也不是，坐也不是，最后竟晕倒在了办公室内。

同事把她送到医院后，萧晨才知道自己是因为焦虑引起的晕倒。经过心理医生的引导，萧晨说自己十分担心孩子，孩子每天都要换乘三趟公交才能到家，而且那一路十分混乱，经常出现车祸，所以她害怕孩子在上下学路上发生事故。她每天这样担忧，久而久之就成了焦虑症。

针对萧晨的情况，心理医生找来了萧晨的邻居，向他们询问孩子上下学的情况，原来他们的孩子也和萧晨的孩子一样，每天要经过三趟换乘才能到学校。其中最小的一个孩子才七岁，但其家长并没有表现出过分的担心，反而觉得孩子通过自己上下学，自理能力强了很多。

虽然听到邻居这样说，萧晨还是不放心。于是，心理医生建议她跟着孩子上下学一次，但是不要干涉孩子。萧晨根据医生的指示做了，她发现孩子能够处理好路上遇到的一切问题，过马路看红绿灯，从不违反交通规则，上车也不挤不抢，甚至不买路边摊上的小吃。看到这一切，萧晨大大放心了。

之后，在萧晨的建议下，小区里的孩子建立了一个"安全小分队"，由年龄大的孩子负责，每天大家一起上下学，既增加了友情，又保障了安全。这次，萧晨的焦虑症彻底好了。

家长爱孩子是一种本能，是正常现象。但过度的爱，就会使家长陷入焦虑中。父母总是认为让孩子吃最有营养的奶粉，学习各种特长，受最好的教育，是对孩子爱的表现，否则孩子就无法健康地生长。仔细想想，自己如此焦虑，真的是为孩子好吗？

在孩子的成长期间，父母对孩子的影响很深刻，焦虑不安的情绪很容易传染给孩子，长期处在这种消极的情绪之下，孩子多半会出现抑郁、暴躁、孤僻等问题，这时候，所谓的"爱"就变成了害。

对孩子真正的爱，是消除自己的焦虑，放开手让孩子在一个相对宽松的环境中成长，让爱像阳光一样包围着孩子，又能给孩子光辉灿烂的自由。

快速缓解焦虑的四个步骤

第一步：评估

这一步是找到自己焦虑的源头，即："我在害怕什么？""我为什么会焦虑？"当找到了这些问题的答案，就清楚地写出来，越具体越好。

第二步：理解

即对自己所害怕的事情进行分析，如果害怕的事情真的发生了，是不是真的那么可怕？是不是就无法活下去了？

第三步：再次评估

分析之后进行第二次评估：真正害怕的原因究竟是什么？有哪些解决的办法？应该怎样具体实施？

第四步：评估方法

此步骤的目的是了解所做出的方法究竟有没有效，以便及时做出调整。在此，心理学家提出了几种消除焦虑的方法：

（1）如果能够让自己的肌肉得到放松，那么心情也会随之放松，因为焦虑是与肌肉紧密相连的。

（2）如果忽然感到焦虑，可以深深吸一口气，然后迅速吐出。这是为了让肌肉得到放松，然后不断暗示自己要"放松、放松"，把注意力集中在有趣的事物上停留几分钟。

这四个步骤完成后，返回去想让自己焦虑的事情，如果焦虑仍得不到缓解，就再次重复这四个步骤。

心理能量
26

悲观
——自我衰竭的个人
信仰

弄错的化验单

小王去医院检查身体，碰巧遇到了一个和他重名的人。而他们都有共同的症状，都需要拍片子，他们都是初步诊断为"脑瘤"，都需要做进一步确诊良性还是恶性。

为了区别，姑且叫他们小王甲和小王乙。

检查结果出来了。

小王甲被告之他得的是恶性脑瘤，活不过一个月。

小王乙被告知他得的是良性脑瘤，切除治疗即可。

小王甲拿着确诊单瘫坐在原地，已经没有挪步的力气，然后非常绝望地被家人搀扶回去料理后事。他日渐消瘦消沉，最终非常乖巧地在被"专家"规定的时间内离开了人世。

而小王乙拿到良性的确诊单后欢呼雀跃，立即拿出手机四处通告自己已被"赦免"，同时策划摆宴庆祝。他孩子般开心地笑着，脸色明显发亮了，皱纹明显减少了，步伐明显轻盈了。他的喜悦感染着在场的所有人。他回去张罗着摆宴，同时也积极张罗着做手术。手术顺利，他恢复了健康。

然而讽刺的是，甲乙两个人的确诊单不小心被给错了对象。实际上恶性的是病人乙、良性的是病人甲。仅仅因为拿错了单子而产生了完全不一样的结果。

暗示的力量

悲观，是一个人对人生失去信心，不积极做任何事情，总是消极地看待一切的心理状态。在悲观的人眼中，失败是永久性、普遍性的，如果某个阶段的目标失败，就会认定自己以后的目标也不会成功。并且他们倾向于把失败看成是自己的原因，认为自己应该对失败全权负责。

悲观心理的产生，是个体对自己身心消极暗示的结果。暗示其实就是指人或环境以不明显的方式向人体发出某种信息，个体无意中受到外在的影响，并做出相应行动的心理现象。暗示是一种被主观意愿肯定了的假设，不一定有根据，但由于主观上已经肯定了它的存在，心理上便竭力趋于肯定的结果。科学家研究指出，人是唯一能接受暗示的动物。弄错化验单的案例说明了悲观足可以杀死一个人！是的，消极的负面暗示甚至会产生结束我们自己生命的作用！

为了证明这一论断，美国心理学家做了这样的试验：

在一所小学中选择两个水平相当的班级，然后对其中一个班的学生说："你们很聪明，是天才型的学生，将来一定会前途无量。"然后对另一个班的学生说："你们的智力一般，以后也就只能做一般的工作。"原本实力相当的两个班级，毕业考试的成绩却天壤之别。被暗示是天才的班级，学生努力学习，成绩也飞速上升；而另一个被暗示智力一般的班级，学生的成绩下降了。

心理暗示的力量就是如此之大，大到可以改变一个人的一生。根据研究

表明，90%的癌症患者都是被自己吓死的，而那些一直不知道自己得了绝症的人，反而凭借着过人的毅力活了下来。例如案例中的没有得恶性脑瘤的小王甲，看到了确诊单，就给自己判了死刑。而拿到赦免通知单的小王乙，因为积极的力量，反而战胜了癌症。

悲观情绪是如何产生的

心理学家认为，悲观情绪的产生与人对自己言行的满意程度有关。当一个人对自己的言行感到不满时，就会产生不安的情绪，这是一种心理上的自我指责、自我的不安全感和对未来害怕的多种心理活动的混合产物。

通常，一个悲观的人都是与世无争的，在他人眼中是十分善良的人，在人际交往中常常会有取悦他人的倾向，甚至会承担不属于他们的过错。这源于他们内心的自卑，他们认为自己没有资格去与他人争取，同时内心也对自己的无能进行自责。所以在性格上，悲观的人是胆小怕事、怯懦的人，习惯退缩了忍让，把痛苦和难过都放在自己心里。

另外，悲观心理也和关切自我有关。关切自我是十分有必要的，但是，关切并不是忧虑，关切和忧虑之间有着本质的区别。关切主要是为了了解问题的来源，然后客观地采取相应的方法进行解决；而忧虑则是过度地担心，徒增烦恼，对改善自己没有一点实质性的帮助，只是增加心理负担。

像这样善于接受负面暗示的人，将长久走不出烦恼的怪圈，而善于调适心理的人，如同善于增减衣服以适应气候变化一样，能获得舒适的生存。每个人都可能产生悲观的情绪，轻者不会对生活产生影响，但是重者就需要立即进行调整了，因为悲观的情绪本身是十分消极的，会影响到组织器官的一系列变化，从而导致心理和生理疾病的产生。

命运自主

卡耐基说："对于一件事情的看法，人们会因切入的角度不同而产生不易有的想法。一个悲观的人，事事都往坏处想，于是愁眉苦脸、愤世嫉俗，但他这样也不过是令亲者痛，仇者快，苦了自己。除此之外，他的生活情绪一定会大受影响，还会连带地影响他人。"

可见，每一个人生活得快乐与否，完全取决于他的心态。遇到事情往好的方面想，生活就会充满了阳光和快乐；如果总是往坏的方面想，生活中就总是乌云盖顶；如果总是担心悲剧的发生，只会一直生活在惴惴不安中；如果总是想着失败后的结果，那么即便可以成功，也会遭遇失败，越害怕发生的事情就越会发生。就因为害怕发生，所以会非常在意，注意力越集中，就越容易犯错误。这就是著名的"墨菲定律"。

生活中遇到挫折是不可避免的事情，不可能总是快快乐乐地度过每一天，经历的那些挫折，多多少少都会在心中留下一些伤痕。在以后的日子中，回忆起这些伤痛，仿佛天空都失去了颜色，看不到生活中的希望。就算是窗外阳光灿烂，感觉到的仍是沮丧。每当这个时候，情绪就会被沮丧控制，产生愤怒的情绪，会问自己："我做错了吗？我做的事情真的没有价值吗？为什么所有人都比我快乐？"

这又体现出悲观者的一个特点，即自卑，认为自己一无是处，认知上否认自己的优势与能力，无限放大自己的缺陷或是造成的失败。因为这种悲观消极的想法，所以在悲观者的心中，或多或少地丑化了现实，扭曲了现实的本来面目。

驱除沮丧心理

改变悲观的心理，首先要学会抵御沮丧情绪的入侵。只要沮丧情绪进入你的大脑，就会夺走你的快乐，减弱你的才能，阻挡你的前进。因此，一定要用积极的思想来对抗沮丧的情绪，方法有很多种，下面提供一些常见的方法。

进入到同盟者的圈子中。如果还打算在这个世界上活下去，就需要与人进行交流，而最有效的交谈，就是与那些和自己同病相怜的"难友"进行交流。你会发现，其实比自己悲惨的人大有人在。

增加阅读面。阅读一些对自己成长有好处的书籍，不但能够使自己精神放松，还能够受到鼓舞。所以，尽快选择一本好书，然后集中精力开始阅读吧。

培养写日记的习惯。写日记的过程就是一种心理自我治疗的过程，因为能够从这份"自我经历不断增长"的记录上找到快意。

做一份切实可行的计划。计划能够帮助你尽快进入一个全新的未来，因此，对于那些自己想做却一直没有做成的事情，赶快为其制订一份计划吧。

适当奖励自己。每个人的生活都离不开起床、淋浴、吃饭等程序，这些最简单的日常任务常会让人感到气馁。为了给生活一些乐趣，每当自己完成一个小的成就，就给自己一点适当的奖励吧。

进行体育锻炼。体力好，精神自然也就好了，多进行体育活动，对抵御沮丧是很有效的方法。

哭泣疗法能有效改善悲观情绪

悲观者之所以悲观，是因为他们缺少积极的信念，而积极信念的缺失，又来源于曾经受到的挫折和伤痛。悲观者郁郁寡欢的背后，一定埋藏了众多的伤痕。而治疗这些创伤很好的一个办法就是哭泣。

你可以选择一个安全的环境，如一个人在家的时候，让自己沉溺于过去使自己痛苦的那种事件的感受中，有时甚至可以暴哭不止，直到把当年的情绪全部释放出来，渐渐地，哭泣也会自动减缓，直到终止。

对于想心理自助的人而言，能哭出来就是成功。但是，因为压抑太多，对很多成年人来说，能哭出来是十分困难的事情。

当遇到不如意的时候，一定要问问自己：这种情绪是从哪里来的？静下心来，先放任沮丧的情绪，感受它而不是谴责它、逃避它或转移它。如果内心出现了一些声音和画面，一定不要放过这个事件，这很有可能就是引发你现在情绪的初始事件。

不要给那个制造创伤的人辩护的理由，让自己完全沉浸在这种情绪里，沉浸在感性里，你可以发泄，可以骂人，可以找一个枕头拼命地打，但不要伤害自己和他人。这样做，不是让你去对当初伤害你的人对质或者报复，而是处理自己的情绪，更好地爱自己。

也许你可能因为强烈的情绪宣泄而昏沉或者狂睡，也可能恶心、坏肚子，但是，这正是自体排毒的象征！

如果你的哭泣受到了外界的干扰，一定要再找机会将其哭完，有始有终，最终将压抑的情绪彻底释放出来。

也许你担心哭完了会怎样，自己会不会失去理智找人去算账？其实，看看小孩子我们就知道答案了，情绪在小孩子的身体里是自由流动的，上一秒孩子可能在哭，但是，下一秒他可能就笑了。成年人也是如此，当我们将积在身体里的负面能量释放出来时，我们就会变得轻松和自由。